비교로부터 자유로운
미니멀 라이프

비교로부터 자유로운
미니멀 라이프

(미니멀 라이프를 만난 뒤 찾아온 자유)

상큼한
뿌미맘

Minimal Life

느린
서재

이 이야기가
당신에게 힘이 되기를

요즘 주위에서 'N포 세대'라는 말을 쉽게 듣는다. 3포 세대(연애, 결혼, 출산 포기)에서 5포 세대(3포 세대+내 집 마련, 인간관계)로, 여기에 '꿈과 희망'조차 포기한 7포 세대(5포 세대+꿈, 희망)까지, 두 아이를 키우는 마흔세 살 아줌마인 나도 이러한 현실이 남 일 같지 않아 안타깝다.

기사에서만 볼 수 있는 이야기가 아니다. 내 주위만 둘러봐도 결혼을 포기한 사람, 치솟는 부동산 가격으로 내 집 마련을 포기한 사람을 어렵지 않게 만날 수 있다. 더구나 한창 꿈꿀 나이에 꿈과 희망까지 포기한 사람들을 생각하면 각박한 현실 때문에 마음이 아프다. 엎친 데 덮친 격으로 코로나19까지 겹쳐 전 국민이 많은 어려움을 겪고 있는 게 지금 현실이다.

물론 나 역시 그동안 많은 것을 포기하며 살아왔다. 대학 시절에 IMF가 왔고 오랫동안 가난과 치열하게 싸웠다. 대학 졸업 후 100만 원도 안 되는 월급을 받았고 월급의 70퍼센트 이상을 저축하며 생활하기도 했었다. 결혼할 때도 재정 상태는 넉넉하지 않았다. 가난한 남녀가 만나 양가 부모님의 도움 없이 힘겹게 모은 돈으로 살림을 시작하는 모습이 누군가에게는 초라하게 보였을 것이다. 하지만 그때 난 내 처지를 비관하거나 포기하지 않았고, 그 속에서도 끊임없이 희망을 찾았다.

짠테크는 소용없지 않았다

돈을 많이 버는 것도 중요하지만 번 돈을 잘 쓰는 것은 더 중요하다. 월급은 내 시간과 노력을 쏟아부어 힘겹게 얻은 보상이다. 그런데 그 돈을 쉽게 써버린다면? 나의 시간과 노력이 썰물에 모래가 쓸려가듯 아무렇지도 않게 사라지는 것이나 마찬가지다. 열심히 노동을 해서 번 돈이니 그만큼 잘 써야 한다. 그래야 손에 남는 것이 생길 뿐 아니라 새롭게 얻는 것도 많아진다.

우리 부부는 결혼 전 모은 6천만 원에서 결혼 비용을 제외한 4천 500만 원을 모두 전셋집 마련에 사용했다. 일단 서울에서 전세 1억 미만의 아파트를 찾았다. 그렇게 찾은 10평대 아파트에서 전세 자금 대출을 받아 신혼 생활을 시작했다. 그곳에서 4년을 보낸 후 서울 소재 10평대 아파트를 매매했다. 아이가 있었지만 우리 부부가 감당할 수 있는 1억의 디딤돌 대출을 받아 집을 구하려고 하니 그 정도 평수가 최선이었다. 그 후 외벌이로 5년 안에 대출 1억을 갚았고 다행히 조금 더 넓은 20평대 아파트로 이사할 수 있었다.

적은 돈으로 생활했지만 그 기간이 마냥 힘겹지 않았다. 그 와중에도 어린아이들을 돌보며 집에서 돈 벌 수 있는 방법을 늘 모색했다. 그렇게

이 이야기가 당신에게 힘이 되기를

내가 따로 모은 돈으로는 꿈을 위한 저축과 취미 생활을 해나갔다.

짠테크와 미니멀 라이프가 만났을 때

2016년 여름, 나의 즐거운 짠테크는 미니멀 라이프를 만나면서 정점을 찍었다. 물건 비우기로 시작했지만 시간이 갈수록 그 외에도 내 삶에서 불필요한 많은 것을 비워갈 수 있었다. 그러면서 돈뿐 아니라 시간과 에너지도 낭비하지 않게 되었고, 잊고 지내던 꿈도 다시 꿀 수 있었다. 남과 비교하지 않는 짠테크로 경제적으로 전보다 여유로워졌고 간결한 삶으로 마음은 풍요로워졌다. 주변 지인들 대부분이 나보다 경제적으로 넉넉하지만, 그들과 나 자신을 비교하고 괴로워하면서 시간을 보내지 않았다.

단순히 돈을 아껴 부자가 되자는 말을 여기서 하려는 게 아니다. 등록금과 용돈까지 스스로 벌며 공부했던 대학 시절, 월급의 70% 이상을 저축하고 한 달 14만 원으로 살았던 직장인 시기, 그 누구의 경제적 도움 없이 시작해서 한 달 100만 원 생활비로 살았던 신혼 시절. 누군가에게는 초라한 인생으로 보일지도 모르겠다. 하지만 이 순간에도 꿈꿀 엄두조차 내지 못하고 바닥 같은 절망 속에서 괴로워하는 사람이 우리 주변에는 분명히 있다. 나는 그들에게 희망을 잃지 말고 사소한 것부터 새롭게 해보자고 이야기하고 싶다.

지난 시절의 나처럼 치열하게 가난과 사투 중인 20대 젊은이들, 꼬박꼬박 월급을 모아 내 집 마련을 꿈꿨지만 좌절한 30대, 부업을 하며 자존감까지 높이고 싶은 전업주부. 그들에게 외벌이이지만 적은 소득으로도

Minimal life

돈을 모으고 대출을 갚으며 자산을 늘려가는 법 그리고 그 과정을 즐기며 짠테크 하는 법을 이 책에서 나누고 싶다. 더불어 꼭 필요한 것에만 집중하는 미니멀 라이프를 실천하면서 삶의 위기를 극복하고, 새로운 꿈을 키워나갈 수 있었던 이야기도 나누고자 한다.

나는 여전히 단돈 100원도 허투루 쓰지 않는 짠순이 미니멀리스트이다. 하지만 이런 내 모습이 좋다. 40대지만 아직도 이루고 싶은 꿈이 많다. 그 꿈을 하나하나 이루기 위해 열심히 짠테크를 할 예정이다. 외벌이 가정이지만 남편 월급에만 의존해 살아가고 싶지 않다. 지금은 남편 혼자 벌고 있지만 내 꿈을 현실로 만들어가며 성장하고 싶고 나만의 독립적인 부도 창출하려고 한다.

내가 걸어온 길과 나의 바람이 각박한 현실에 힘겨워하고 있을 누군가에게 힘이 되고 위로가 되었으면 좋겠다. 그리고 나지막이 이야기하고 싶다. 나 역시 그 길에 함께하고 있음을.

1부 내가 미니멀리스트가 된 이유

(3부) 소박한 미니멀리스트가 꿈꾸는 미래

내가
미니멀리스트가
된 이유

Minimal Life

23년간
새벽 기상을 하는 이유

새벽 기상의 의미

난 성취 욕구가 강한 사람이다. 그래서일까. 아이를 낳고도 회사를 그만두지 않고 경력을 쌓아가는 친구들을 보면 점점 경력에서 차이가 벌어지는 것만 같아 심한 열등감을 느꼈었다. 남과 잘 비교하지 않는 성격이지만 일이라면 이야기가 달라진다. 43년 인생을 돌이켜보면 늘 열심히, 열정적으로 최선을 다해 살아왔다. 하지만 현재 나는 전업주부, 아기 엄마 이외에 다른 명함은 없다. 열심히 달리고 또 달렸는데 손안에 쥔 내 것, 눈에 보이는 성취가 고작 이거라고? 최선을 다하며 살았기에 더 깊은 자괴감에 빠졌는지도 모른다. '얼마나 더 열심히 해야 해? 다른 사람들은 앞서가는데 나는 이렇게 제자리에서 맴맴 돌아야 하는 건가?'

이런 생각에 변화가 찾아온 건 7년 전 미니멀 라이프를 만나면서였다. 열심히 하지 않은 게 문제가 아니었다. 문제는 다른 데 있었다. 에너지가 넘치는 나는 한곳에 진득하니 집중하기보다 다양한 것에 관심이 많은 사람이었다. 그러다 보니 당연하게도 한 분야에서 두각을 나타내기 어려웠다. 미니멀 라이프는 덜 중요한 것과 불필요한 것을 과감하게 줄이라고 내게 강하게 말하고 있었다. 그래야 중요한 것에 쓸 에너지가 생긴다고 말해주고 있었다. 그 즉시 난 수많은 모임, 복잡한 인간관계, 다양한 취미를 단순화시켜 나갔다. 자잘하고 부수적인 것을 정리하고 보니 여분의 시간과 에너지가 생겼다. 그렇게 생긴 여력으로 내 가슴을 뛰게 할 꿈을 찾는 데 전력으로 집중했다.

미니멀 라이프 덕분에 집안일이 줄어들었고 그 덕분에 새벽 기상을 쉽게 할 수 있었다. 그동안 두 아이를 돌보느라 정작 나 자신을 성찰할 시간은 현저히 부족했다. 사색하고 꿈을 그려보고 공부하는 시간 말이다. 그 시간을 확보하기 위해 매일 새벽 다섯 시에 일어났다. 경제적으로 풍족한 남과 비교하며 나를 들볶지 않았다. 어차피 안 되는 일은 빨리 포기하고 내 상황에서 내 시간을 만들 방법을 연구했다. 하루의 한두 시간은 짧아 보이지만 그 시간을 알뜰히 채운 노력이 이제 조금씩 모습을 드러내는 중이다.

하고 싶은 것이 있다기보다는 불안해서, 하고 싶은 것을 찾기 위해 시작한 새벽 기상이었기에 어떤 공부부터 시작해야 하는지도 몰랐다. 일단 책부터 읽었다. 천 권의 책을 읽고 천 편의 독후감을 모두 기록한 블로그 이웃님이 추천해주시는 책을 따라 1년 동안 꾸준히 읽었다. 그 이후에는 MKTV(김미경 TV) 〈북드라마〉에 나오는 책을 무조건 따라 읽었다. 책을 읽어가다 보니 나의 두 번째 명함이 보이기 시작했다. 하고 싶은 일이 생겼고 그 모습이 명확해졌다.

미니멀 라이프와 새벽 기상이 없었다면 경력이 많고 화려한 타인의 삶을 여전히 부러워하고 질투하며 스스로를 비참하게 여겼을 것이다. 하지만 이제는 소풍을 기다리는 아이처럼 하루하루가 설렌다. 매일 계획을 세우고 그것을 실천해나가는 재미에 푹 빠져 있다. 더불어 그에 따른 경제적 보상도 조금씩 이어지고 있다. 작은 꿈을 하나씩 이뤄가고 있고 그 점들은 나의 큰 꿈과 연결되어 있다.

늘 초심을 잃지 않고 나아가고 싶다. 미니멀 라이프를 처음 만났을 때의 감동, 아침 운동을 위해 새벽 기상을 했던 스무 살 때의 의지를 몸과 마음에 새기고 싶다. 이 두 가지는 평생 동행하고 싶은 친구이다. 이 친구들과 함께 꿈을 향해 오늘도 나아간다. 나의 꿈은 무엇인가가 되는 것이 아니다. 어떤 삶을 살고 싶은지 나만의 대답을 찾고 실행하는 것이다. 궁극적인 그 꿈을 이루기 위해 오늘도 새벽 기상으로 하루를 연다.

독점육아에도
새벽 다섯 시에 일어나는 이유

모두에게 공평하게 주어진 유일한 것이 시간이라고 한다. 그런데 해야 할 일은 많은데 시간이 도무지 나지 않을 때면 그 말이 맞는지 의심스럽기도 하다. 여전히 두 아이를 독점육아 중이고(다시는 돌아오지 않는 아이의 시간을 함께한다는 의미에서 부정적인 느낌의 독박육아 대신 독점육아라는 단어를 사용하고 싶다), 육아 외에도 집에는 할 일이 넘쳐난다. 주말이라고 해도 사정이 달라지는 건 아니다. 주말 저녁마다 남편은 시동생의 가게를 도와주러 가니 주말에도 집안일은 고스란히 내 몫이다.

독점육아 중인 내게 새벽 시간은 유일한 자유 시간이다. 새벽 말고는 아이들과 떨어져 있을 시간이 전혀 없다. 첫째는 아직 챙길 게 많은 초등 저학년이고, 콩콩이는 이제 어린이집에 다니는 다섯 살이다. 하루, 이틀, 일주일을 그렇게 보내면 그냥 시간에 이끌려 살게 된다. 아이들을 대신 봐줄 분이 없기에 매주 금요일 속회 모임에도 두 아이를 데리고 참석한다. 그렇게까지 해서 모임에 갈 필요가 있냐고 누군가는 생각할 수도 있다. 하지만 내겐 꼭 필요한 일이다. 그것이 아이들을 돌보면서 내 본연의 모습을 잃지 않는 유일한 방법이기 때문이다. 혼자 무언가를 할 수 있는 자유가 주어지지 않는다면 가고 싶은 곳에 아이들과 함께 가면 된다. 상황을 탓하며 포기하고 끌려다니기는 싫으니 말이다.

오늘도 새벽 다섯 시에 일어났다. 이 순간만큼은 자유를 만끽한다. 그리고 이런 나 자신을 위로하기 위해 새벽 영상을 찍었다. 새벽 기상보다 내 시간을 잃어버리는 것이 내게는 더욱 힘든 일이다. 발코니로 나가 창문을 열었다. 차가운 바람이 가져다준 에너지가 오늘 하루를 버틸 수 있게 힘을 불어넣어준다.

2

새벽 기상이
준 선물

2018년부터 지금까지 매일 새벽 다섯 시에 일어나고 있다. 둘째까지 돌보느라 체력은 예전 같지 않지만 내 기상 시간은 변함이 없다. 솔직히 밤에 자주 깨는 아이들 사이에서 새우잠을 자다 보면 더 자고 싶은 마음이 굴뚝같아진다. 그래도 나는 조용히 일어나 나만의 공간인 오래된 식탁으로 향한다. 물 한 잔을 마시고 발코니로 나와 창문을 열고 바깥 기운을 느끼는 것은 나만의 의식이다. 하루의 시작과 인사하는 시간. 새벽 기상은 그렇게 자연스레 내 삶의 일부분이 되었다.

어린 시절을 떠올려보면 우리 집의 아침 분위기는 따뜻하고 밝았다. 가족 모두가 일찍 잠자리에 들다 보니 모두 아침 일찍 일어나 하루를 시작하곤 했다. 스무 살, 대학교 1학년 때도 새벽 여섯 시면 일어나서 아침 샤워를 하며 하루를 열었다. 그때 기숙사에서 생활했는데, 테니스 동아리에서 하는 아침 운동을 위해 매일 테니스 코트로 향했다. 아침 일곱 시의 학교는 정말 조용했다. 자연의 소리가 귀를 간지럽히고 계절의 변화가 온몸으로 느껴졌다. 라일락 향기가 진동하는 5월에는 이유 없이 아침부터 설렜다. 대학을 졸업한 후에도 밤 열 시면 잠들고 새벽 여섯 시면 눈을 떴다. 조금만 일찍 출근해도 하루를 여유 있게 시작할 수 있으니 말이다. 사무실에 누구보다 먼저 출근해서 잔잔한 음악을 들으며 마시는 차 한 잔은 다른 것으로 대신할 수 없는 소소한 작은 행복이었다.

이제 시간이 흘러 두 아이의 엄마가 되었고, 예전처럼 새벽 기상이 쉽지만은 않다. 그래도 멈출 수 없는 이유가 있다. 아이를 낳고 키우고 살림을 하다 보면 나도 모르는 사이 나는 지워지고 오직 엄마로만 남기 쉽다. 두 아이에게 하루의 시간을 전부 쏟느라 '나와 온전히 만나는 시간'은 언

새벽 기상이 준 선물

감생심 바라기 어렵다. 그래서 더 기를 쓰고 새벽에 일어난다. 나를 돌아보고 새로운 하루를 계획하기 위해.

희미하기만 했던 내 꿈이 더 명확해진 것이 2021년이다. 그 꿈을 이루기 위해서라도 허투루 하루를 흘려보내고 싶지 않다. 그래서 새벽은 내게 구원과 같은 시간이다. 힘겨운 독점육아 속에서도 견디고 앞으로 나아가게 해주는 원동력이다. 세상이 아직 잠들어 있을 때 그 고요한 세상과 만나는 기분은 이루 말할 수 없이 황홀하다. 아이들과의 시간도 나만의 시간도 포기할 수 없기에, 자잘한 것들을 지우고 마련한 에너지로 새벽에 일어난다. 그 덕에 시간에 끌려다니지 않고 시간의 주체가 될 수 있었다. 시간과 상황에 통제당하는 게 아니라 내가 하루를 통제할 수 있게 되었다. 오늘도 아이들 사이에서 눈을 비비고 나와 선물 같은 새벽을 맞이한다.

3

두 번의 육아 우울증, 죽을 것 같던 터널을 통과하며

　　지금은 아침 다섯 시면 번쩍 눈을 뜨고 활기차게 하루를 시작하지만, 새벽 기상은커녕 일상적인 생활도 어려웠던 때가 있었다. 나이 서른다섯에 낳은 첫째 뿌미. 사는 곳이 친정에서 가깝지 않아 어떤 도움도 받을 수 없는 상황이었다. 아는 사람 하나 없는 곳에서 시작한 육아는 죽을 만큼 힘겨웠다. 백일의 기적이니, 돌이 지나면 편해진다느니 하는 말이 많았지만 내 경우는 정반대였다. 아이의 돌부터 두 돌까지의 기간은 내 인생에서 출구가 보이지 않는 어두운 터널이었다. 급기야 육아 우울증까지 찾아왔다. 태어나 처음으로 엄마 역할을 하는 것도 힘들었지만 그보다 한 시간에 한 번씩 아이가 깨서 우는데 도저히 견뎌낼 재간이 없었다. 계속 잠을 깨고 밤새 기침을 하며 토하는 아이를 돌보고 있자니 몸도 마음도 힘들었다. 하루만 못 자도 힘든데 장장 1년이었다. 내 몸이 내 몸이 아니었다.

그때 1년 동안, 단 한 번도 집 안 청소를 하지 않았다. 정리 정돈, 빨래, 아이 밥 주기, 설거지, 하루에 한 번 놀이터 데려가기. 생활에 꼭 필요한 이 정도의 일마저도 이를 악물고 해야 할 정도로 지쳐 있었다. 이 우울감과 무기력이 평생 이어질 것 같아서 미치도록 두려웠다.

아침 햇살이 아무리 고와도 그때는 아침이 오는 것이 두려웠다. 아이를 안고 큰 병원에 다니는 일도 힘겨웠다. 눈물과 땀이 뒤섞인 내 모습을 마주하기 싫었다. 첫째에게는 미안한 말이지만 그때는 아이가 마냥 예쁘고 귀엽지 않았다. 그런 생각이 들수록 내 마음은 더욱 바닥을 쳤다. 자기 자식도 제대로 돌보지 못한다는 죄책감, 아이를 충분히 사랑하지 않는 엄마가 아닐까 하는 자기 의심으로 어두운 구렁텅이에 빠져들었다. 그저 하루하루를 버티는 수밖에 다른 방도가 없었다. 희망, 열정, 설렘과 어울리던 나는 어느새 연기처럼 사라져버렸다. 이름 석 자는 물론이고 내 존재 자체도 희미해져갔다. 그렇게 나라는 존재를 잃어버린 채 1년을 보냈다.

1년 후 암흑 같은 시기가 거짓말처럼 끝이 났다. 첫째가 깨지 않고 밤에 통잠을 자기 시작한 순간, 그제야 천국을 만난 듯 기뻤다. 숨을 쉴 만해지자 나를 돌아볼 여유가 생겼다. 생각해보니 자기중심적이고 성취 욕구가 강한 나는 육아에 소질이 없어도 너무 없는 사람이었다. 그래서 다른 사람보다 더욱더 그 시기가 힘겨웠는지도 모른다. 그래서 둘째는 바라지도 않고 외동을 고집했었다. 그런데 사람 일은 정말 알 수가 없어서 다시 둘째를 갖게 되었고, 똑같은 우울증을 겪지 않기 위해 철저히 준비하기로 마음먹었다.

첫째를 돌보며 무엇보다 견디기 힘들었던 것이 있다. 바로 시간이

지날수록 내 머리가 나빠지는 것 같은 느낌, 뒤처지고 있다는 느낌이었다. 그런 생각이 나를 더 초라하게 만들었다. 그래서 둘째를 낳고는 몸과 머리, 마음을 건강하게 만드는 데 힘을 기울였다. 이는 점점 더 명확해지는 내 꿈을 이루기 위한 노력이었다. 새벽 공부는 그런 마음으로 시작했다.

　　매일 뭔가를 하나씩 알아가고 깨치는 희열은 그 무엇과도 견줄 수 없었다. 살아 있다는 강렬한 느낌, 내일이 기다려지는 설렘. 무기력하고 무감각했던 나날이 무색하게 하루하루가 선물처럼 느껴졌다. 물론 둘째를 키울 때 첫째보다 조금 더 느긋하게 아이를 바라볼 여유가 생겼고 첫째가 여러 가지를 많이 도와줘 수월해진 점도 한몫했다.

　　그러나 단지 그런 상황의 변화 때문만은 아니었다. 그 행복은 '나를 위해 무엇인가를 하고 있다'는 실감 덕분이었다. 아이를 낳은 뒤 ○○엄마라는 새로운 호칭이 생겼지만 정작 내 이름을 불러주는 사람은 아무 곳에도 없었다. 호명해준다는 것은 존재 이유와도 연결된다. 아무도 나를 불러주지 않는다면 존재의 이유도 옅어진다. 그래서 스스로 내 이름을 불러주기로 마음먹었다. 내 존재를 잃어버리지 않기 위해 매일 내 이름을 불렀다. 그리고 아이 교육을 위한 공부가 아닌, 나의 성장을 위한 공부를 시작했다.

　　계획한 대로 하나씩 성취하며 시작하는 하루는 정말 가슴 벅찼다. 나와의 약속을 지키는 기간이 늘어날수록 나에 대한 신뢰감이 상승했다. 그런 나날이 쌓여 나를 사랑할 수 있게 되었고, 무너졌던 자존감도 조금씩 회복되었다. 그렇지만 그 벅찬 행복은 오래가지 못했다. 두 번째 육아 우울증 앞에서 나는 또다시 속수무책이 되고 말았다.

　　그러던 중 큰마음을 먹고 유튜브에 첫 영상을 올렸다. 그리고 4개월 만에 구독자 1만 명을 달성했다. 또 6개월이 지나 2만 명을 달성했다. 내가 하는 만큼 결과가 보이니 신이 났다. 하지만 '초심자의 행운'은 딱 거기까지였다. 육아를 하며 유튜브, 블로그, MKYU 공부까지… 너무 많은 에너지를 쏟아부었다. 게다가 둘째도 돌이 되자 통잠을 자지 못하고 매시간 잠을 깼다. 그런 시간이 또 꼬박 1년간 이어졌다. 그 1년 동안 밤에 제대로 잠을 잔 적이 없었다. 아이도 나도 잘 챙길 수 있다고 다짐하고 준비했지만 도돌이표였다. 아이 끼니를 챙기는 것조차 힘들어져 결국 나는 두 아이를 데리고 친정으로 도망치듯 피신을 갔다. 그렇게 우울증에 항복 선언을 하고 말았다.

두 번째 터널은 더욱더 힘들었다. 밤마다 잠을 설치고 낮에는 두 아이를 돌봐야 했으니 당연한 일이었다. 무기력하고 잠만 자고 싶은 하루하루가 이어졌다. 새벽에 그토록 번쩍번쩍 눈을 뜨던 나는 온데간데없이 사라졌다. 내 눈덩이, 내 몸 하나가 그렇게 무겁게 느껴질 수가 없었다. 친정에서도 여전히 두 아이와 함께 잤기 때문에 밤잠은 잘 수 없었지만, 그나마 친정 부모님이 아침에 아이를 봐주신 덕분에 아침잠은 잘 수 있었던 게 불행 중 다행이었다.

하루가 가고, 일주일이 가고, 한 달이 지나도 내 마음의 건강은 나아지지 않았다. 시간마다 깨니 악몽까지 꾸기 시작했다. 악몽에 시달리다 일어나는 날은 가슴이 뛰면서 불안감이 몰려왔다. 이렇게 사는 게 무슨 의미가 있을까, 극단적인 생각까지 들었다. 그만큼 육아 우울증은 뼈를 깎아내는 고통이었고, 누구도 도와줄 수 없는 외로운 나와의 싸움이었다.

그렇게 길고 긴 어둠 속에서 다시 1년을 보낸 어느 날, 아침에 일어나보니 평소와 달리 몸이 가벼웠다. 끝없는 터널에 드디어 한 줄기 빛이 드는 기분이었다. 그동안 나를 대신해 친정 부모님이 아이들을 돌봐주셨고, 남편 역시 한없이 가라앉는 나를 기다려주었다. 그렇게 빛이 들어온 날, 다시 제대로 된 숨을 쉴 수 있었다. 몸과 마음이 어느 정도 회복된 후에 집으로 돌아왔다. 처음에는 솔직히 두려웠다. 혼자서 두 아이를 잘 돌볼 수 있을까? 두려움 속에서 조금씩 내 생활을 찾아가기 시작했다.

돌아온 일상은 당연히 이전 같지 않았다. 그동안 이룬 모든 것이 다 무너진 것만 같았다. 유튜브 구독자 수도 줄어 있었다. 공백기에 수많은 구독자가 이탈했고, 다시 시작할 수 있을지 겁이 났다. 어쩌면 이전만큼 회복하지 못할까 봐 더 두렵기도 했다. 그럼에도 마음을 다잡고 다시 시작했다. 집으로 돌아온 후 몸을 돌보며 최대한 체력을 길렀다. 그리고 나서 다시 유튜브와 블로그를 시작했다. 과거처럼 터지는 영상은 없지만 지금도 꾸준히 콘텐츠를 만들어서 올리고 있다.

유튜버와 블로거는 내가 꿈꾸는 두 번째 명함이었다. 그 꿈을 향해 달려가던 와중에 육아 우울증이라는 돌부리에 걸려 호되게 넘어졌고, 이제는 툭툭 털고 일어나 다시 호흡을 가다듬고 있다. 나의 두 번째 명함에서 가장 중요한 것은 꾸준함과 끈기다. 그렇기에 블로그에 하루, 적어도 이틀에 한 번 정도는 글을 쓰려 노력하고 있고, 유튜브 영상도 일주일에 한 번은 올리려고 하고 있다.

조금씩 시동이 걸리자 멈춰 있던 심장이 다시 뛰기 시작했다. 꿈을 꾸고 꿈을 이뤄나가고 있다는 생생한 느낌. 나에게 중요한 것이 제자리를 찾아가고 있다는 느낌. 그것이 나를 살게 한다.

아끼고, 비우고,
나누는 삶의 진짜 목적

- 꿈이 있는 여자로 살기

혼자만의 착각인지도 모르지만, 나는 스스로를 참 괜찮은 사람이라고 생각한다. 누군가에게는 자기애가 너무 넘치는 이상한 사람으로 보일지도 모르겠지만, 자존감이 높은 사람이라고 스스로 생각한다. 한 번뿐인 인생, 다른 사람을 품어주고 세상을 온전히 경험하려면 자신을 먼저 사랑해야 한다고 생각하기 때문이다.

하지만 늘 그랬던 건 아니다. 전업주부가 되고 아이 엄마가 되면서 자신감은 많이 떨어졌고, 무능력한 사람이라고 느낀 적도 있었다. 다른 사람과 비교하면서 누가 뭐라고 하지 않았는데도 누구보다 먼저, 누구보다 가혹하게 스스로를 비난했던 적도 있었다.

주부의 일은 당연히 중요한 일이고, 일상에서 빼놓을 수 없는 소중한 일인데 사회의 시선은 그렇지 않다. 주부를 그저 집에서 노는 사람으로 취급하기 십상이다. 그런 시선을 받을 때면 돈을 벌지 못하는 나 자신이 초라하게 느껴졌다. 남편이 내게 맞벌이를 강요하지도 않았는데 은근히 맞벌이 가정을 부러워하며 나 혼자 위축되곤 했었다. 시간이 지나니 자괴감까지 들었다.

변화가 생기고 스스로를 귀히 여기던 본연의 모습으로 돌아온 건 꿈을 가진 그 순간부터였다. 꿈이 생기자 전업주부로서의 자존감도 덩달아 높아졌다. 생각해보면 돈은 '수단'이지 '가치'가 아니었다. 그런데도 돈이라는 수단이 이 세상을 지배하고 있다. 돈은 생활하는 데 꼭 필요하지만, 모든 것의 척도는 절대 될 수 없다. 그러니 지금 당장 돈을 못 번다고 해서 모든 방면에서 무능력하다거나 자신이 가지고 있는 본연의 가치가 사라지는 것은 아니다.

돈은 목적이 아니다. 무언가를 위해 돈을 버는 것이지, 돈을 위해 돈을 버는 것이 아니기 때문이다. 물론 나 역시 경제적 자유를 위해 돈을 벌고 모으고 싶다. 돈이 없어서 중요한 무엇인가를 포기하는 상황을 마주하지 않기 위해 아껴 쓰고 미래에 대비한다. 하지만 어떠한 상황에서도 주객이 전도되면 안 된다고 스스로를 다잡는다. 오늘 최선을 다해 살아가는 것은 돈이 아니라 꿈을 위해서라고 나에게 말을 건다. 소중한 것을 지키고 풍성하게 하기 위한 수단으로서 돈에 대해 생각한다. 꿈을 갖고 이루기 위해 노력하는 한 나는 초라하지 않고 아름답다. 앞으로도 계속 그럴 것이다.

남과 비교하지 않는
미니멀 라이프

영원한 가치에 의미를 두고 살아야 행복에 한 걸음이라도 더 가까이 다가갈 수 있다고 생각한다. 돈도 명예도 중요하다. 하지만 한순간에 사라질 수 있다는 걸 항상 기억하고 있어야 한다. 그것들은 영원하지도 않고 생명이 없다. 그렇게 허망한 것만을 위해 인생을 살아간다면 행복할 수 있을까? 많은 책에서 이런 이야기를 한다. 결국 죽음 앞에서 재산, 명예, 권력 등은 부질없다는 것을. 생의 마지막 순간에 사람들은 '사랑하는 가족과 더 많은 시간을 보낼걸'이라는 후회를 가장 많이 한다고 한다. 사랑, 우정, 신뢰, 믿음. 쉽게 보이지는 않지만, 이러한 마음에는 영원한 가치가 있다. 그건 돈 주고도 살 수 없는 마음이다. 누군가는 "자본주의 사회에서 돈으로 안 되는 일이 있어?"라고 말할지 모르지만 사람의 마음, 진정한 마음은 살 수 없다. 맹목적으로 돈을 좇기보다 이제는 소중한 가치에 인생의 목표를 두어야 하지 않을까 싶다. 그래야 좀 더 행복하게 살 수 있지 않을까?

미니멀 라이프는 남과의 비교에서 나를 자유롭게 해주는 마법이다. 그렇기에 서로 경쟁하고 비교하는 이 시대에 더 필요한 라이프 스타일이다. 수많은 괴로움은 상대와의 비교에서 비롯된다. 나보다 큰 집에 사는 친구를 보며, 나보다 좋은 차를 타는 회사 동료를 보며, 자꾸만 우리는 그들과 비교하고 점점 우울해진다. 그 비교의 굴레에서 벗어나면 작은 집에 살아도, 남들이 부러워하는 직장에 다니지 않아도 당당하고 행복할 수 있다. 더 많이 가졌다고, 겉보기에 멋지다고, 그들의 삶이 행복하다고 단언할 수 없다. 행복이란 주관적인 감정인 것이다. 다른 사람 눈에는 초라해 보여도 정작 그 누구보다 스스로 행복해질 수 있는 방법이 있다.

미니멀 라이프는 물건을 줄이고, 집안일을 줄이고, 집을 넓게 만드는 단순한 삶의 방식이 아니다. 그것은 미니멀 라이프의 표면적인 요소일 뿐이다. 미니멀 라이프를 실천하다 보면 타인과 비교하지 않고 스스로의 삶에 더 집중할 수 있다. 온전히 내 삶에 집중하면 나를 더 사랑하게 된다. 사랑을 받으면 더 행복해진다. 물건이 없어도, 부족해도 기쁘다고 말하는 어느 미니멀리스트처럼 말이다.

물론 그 경지는 하루아침에 이루어지지 않는다. 그래서 나 역시 하루하루, 최선을 다하는 중이다. 세상의 풍파 속에서 매일같이 마음을 단련하다 보면 내 모습도 순금처럼 변해 있지 않을까? 불순물 하나 섞이지 않은 온전한 내가 될 수 있지 않을까? 이 세상에 소중하지 않은 사람은 없다. 정작 우리 자신이 그 가치를 모를 뿐이다. 미니멀 라이프는 나 자신을 진정으로 사랑하게 만들어주는 마법이다.

폼 나는
미니멀 라이프가
아니면 어때!

지인이 어느 연예인의 미니멀 라이프에 대해서 이야기하며 이렇게
말했다.

"돈이 많아도 17평 집에 살아야 진짜 폼이 나는 거야. 그래야 미니
멀 라이프가 더 멋져 보이잖아."

자격지심 때문인지 이 말을 들은 후 기분이 좋지 않았다. 그 연예인
과 나의 미니멀 라이프는 분명 다르다. 그 역시 자기 나름의 관점으로 미니
멀 라이프를 정의하고 있는 걸 테다. 하지만 아무리 생각해봐도 이건 좀 아
니다 싶은 생각이 들었다. 경제적으로 풍요롭지 않으면 미니멀 라이프는
가난의 합리화일 뿐일까? 물론 나도 한때는 이런 상상을 한 적이 있다.

'큰 집에 살 수 있는 여유가 있는데도 작은 집에 살고 차를 살 수 있
는 여유가 있는데도 차 없이 산다면 더 멋져 보이겠지.'

나처럼 작은 집에 차 없이 살아야 하는 형편이면서 그것을 예찬한들 누군가의 눈에는 자기 합리화, 가난의 변명으로 보일 수 있다는 걸 잘 안다. 하지만 과거에 경제적으로 풍요로웠던 시절에도 나는 검소하고 소박한 삶을 꿈꿨었다. 이것은 나의 경제적 상황에 따라 어쩔 수 없이 라이프 스타일을 바꾸려는 것이 아니라는 이야기다.

나의 미니멀 라이프가 폼이 좀 안 나면 어떠한가! 폼을 내려고 미니멀 라이프를 추구하는 것도 아닌데 말이다. 가까운 사람이 인정을 안 해주면 또 어떠한가! 내 인생은 한 번뿐이고 다른 누구도 내 삶을 대신 살아줄 수 없는데. 남들 눈에 나의 삶이 어떻게 보이건 지금껏 그랬듯 내게 주어진 길을 걸어가려고 한다. 미니멀 라이프의 장점에 하나하나 눈을 뜰수록 검소하고 소박한 삶에 대한 확신과 자신감이 점점 강해진다. 남들의 시선보다 나의 행복과 만족이 몇천 배는 더 중요하다. 내가 무척 사랑하는 윤동주 시인의 시가 유독 그리워지는 밤이다.

꿈 나는 머니펄 라이프가 아니면 어때!

7

내 정체성은
미니멀리스트와 짠순이

유튜브 채널을 운영하다 보니 다른 미니멀 라이프 채널도 자주 접하게 된다. 외국에는 남자 미니멀리스트 유튜버가 많지만, 우리나라는 여자, 특히 주부 미니멀리스트가 압도적으로 많은 편이다. 미니멀 라이프 채널과 살림 채널이 상당 부분 겹쳐 있다. 미니멀 라이프를 실천하는 다른 유튜버들의 경우 집만 놓고 보면 다들 여유가 있어 보인다.

싱글 미니멀리스트를 제외하고 대부분의 주부 미니멀리스트들의 집은 우리 집보다 훨씬 크다. 한마디로 경제적으로 어려움이 없어 보인다. 멋진 전원주택에 사는 분도 많고, 아파트에 사는 분도 평수가 넓어서 확 트여 보인다. 사실이 그렇다. 우리 집은 폭이 좁다 보니 카메라로 집 전체를 그대로 담기가 힘들다. 아무리 생동감 있게 찍으려 해도 연속적으로 담기가 어렵다. 상황이 이렇다 보니 좋은 카메라로 영상을 찍고 넓고 멋진 집에

사는 그들과 나를 비교한 적이 없다면 거짓말일 것이다. 미니멀리스트가 되면서 남과 비교하는 마음이 줄어들었을 뿐, 아예 없어진 것은 아니니 말이다.

　　나는 여전히 핸드폰으로 영상을 찍고 편집한다. 영상미를 위해서 좋은 카메라가 필요하다는 걸 잘 알고 있다. 하지만 미니멀리스트인 내게, 고가의 무거운 카메라가 꼭 필요한 물건은 아니다. 물론 더 발전을 하려면 투자를 해야겠지만 솔직히 말해서 지금은 고가의 카메라를 살 경제적 여유가 없다. 그리고 워낙 무거운 것을 싫어하기에 스마트폰으로 영상을 찍고, 편집하는 것이 지금 내게는 더 잘 맞는 방법이다. 얼마나 무겁고 번잡한 것을 싫어하느냐 하면, 가방을 들고 다니는 것도 싫어하는 편이다. 돌아보니 예전부터 불필요한 물건을 넣어 다니는 걸 싫어하는 편이었다.

솔직히 지금의 내 삶이 누구나 부러워하고 멋있어 보이는 삶은 아니다. 평범한 삶을 살면서 멋진 척 포장할 수도 없는 노릇이고 또 그럴 마음도 없다. 경제적 여유에 바탕을 둔 미니멀리스트가 아니라, 돈을 아끼는 짠순이 미니멀리스트. 그것이 지금의 객관적인 나의 모습이다.

짠순이 이미지가 부정적으로 비칠 때도 많지만 나는 짠순이인 내가 좋다. 그 이유는 돈을 쓰고 싶은데 억지로 참고 있는 짠순이가 아니기 때문이다. 절약하는 것이 늘 재미있고 통장에 돈이 모이는 것을 보면 짜릿하다. 그 노력의 시간을 통해 목표를 달성하는 짠순이의 삶은 누추하지 않다. 짠순이 미니멀리스트인 내 모습이 나는 너무나 자랑스럽다. 앞으로도 이 마음을 그대로 실천하며 살아가려고 한다. 행여 별안간 로또에 당첨된다고 해도 내 삶은 아마 달라지지 않을 것이다.

워런 버핏을 존경한다. 그의 마음을 닮고 싶다. 그는 세계 최고의 부자임에도 늘 검소하고 생활이 단정하고 청빈하다. 나누는 삶을 실천하는 그분의 삶은 나에게 정말로 귀감이 된다. 그분의 자녀들 또한 아버지처럼 나눔을 실천하며 사는 것을 보면 진짜로 멋있다. 내가 존경하는 워런 버핏, 빌 게이츠는 부자임에도 검소하다. 또한 늘 책과 함께한다. 그 또한 본받고 싶은 점이다. 가끔은 남과 비교하는 소용돌이에 휘말리기도 하지만 곧 다시 중심을 잡고 나만의 길을 간다. 내게 큰 그림을 그려준 워런 버핏, 빌 게이츠처럼 자신의 길을 자신만의 색으로, 자신만의 속도로 걸어가고 싶다.

그렇게 생각하니 우리나라에는 드문 짠순이 미니멀리스트, 이런 나의 정체성이 더 사랑스럽게 느껴진다. 있는 그대로의 내 모습을 사랑하며 내면을 단단히 키워나가고 싶다. 매일 책을 읽고, 글을 쓰고, 또한 사색하며 변화하는 세상 속에서 살아남는 법을 터득해갈 것이다. 인생이라는 바다를 멋지게 항해하는 짠순이 미니멀리스트. 내가 꿈꾸는 많은 것 중 하나가 바로 그것이다.

사소한 일에도 감사하는 미니멀리스트가 되고 싶다. 감사하는 순간에는 행복의 별 무더기가 마구마구 떨어진다.

8

내가
핫딜에 목숨을 걸지
않는 이유

2014년, 첫째를 낳고 육아용품을 살 때였다. 인터넷 쇼핑몰을 이리저리 돌아다니며 핫딜을 찾곤 했다. 시간과 노력이 들어가더라도 싸게 사기 위해 온 힘을 다했다. 눈까지 벌겋게 되면서 핫딜에 목숨을 걸었다. 조금이라도 싸게 사면 그렇게 기분이 좋을 수 없었다. 돈을 쓰면서도 마치 돈을 벌었다는 착각을 했다.

그런데 생각해보니 핫딜이 시간과 노력 대비 큰 소득은 아니었다. 그리고 핫딜을 찾아 헤매면 힘이 쭉 빠지고 머리가 아팠다. 눈도 아프고 정신이 사나웠다. 어느 순간 '이렇게 하는 게 맞나?'라는 의문이 들었다. 집에는 싸다고 쟁여둔 육아용품이 즐비했고 곧 쓰긴 할 테지만 당장 필요하지는 않은 물건이 떡하니 자리를 차지하기 시작했다.

미니멀 라이프를 만난 후 많은 것과 이별했는데 그중 하나가 바로 핫딜이다. 합리적인 소비는 물론 중요하다. 하지만 온 신경을 곤두세우며 시간과 에너지를 쓰는 건 낭비이고 무의미한 일이라는 생각이 들었다. 생각이 바뀐 후, 육아용품도 싸다고 많이 사두지 않고 필요한 양만 그때그때 샀다. 집에 쌓아두는 물건이 없어지니 그만큼 공간에 여유가 생겼고, 바로 바로 소진되니 아이들이 있는 집이어도 깔끔하게 유지할 수 있었다.

단돈 천 원도 허투루 쓰지 않으려고 늘 노력하고 있지만 더 이상 무언가를 싸게 사려고 안달복달하지 않는다. 거기에 들어가는 나의 시간과 에너지 역시 비용이라는 걸 너무나 잘 알기 때문이다. 또 집은 나와 내 가족이 주인이지 물건을 위한 보관창고가 아니다. 핫딜에 목숨을 거는 동안 나는 쓰지도 않는 물건에 너무 많은 공간을 할애했다. 물건이 내게 월세를 주는 것도 아닌데 말이다. 돈만큼이나 시간과 에너지 그리고 공간의 여유도 중요하다. 내게 핫딜은 합리적인 소비가 아니라 소탐대실이었던 셈이다.

미니멀한 소비 습관 네 가지

1. 목적 없는 쇼핑은 하지 않고 꼭 필요한 물건만 산다.

꼭 필요한 물건만 사자고 다짐을 하면 핫딜이나 할인에 흔들리지 않을 수 있다. 더불어 핫딜을 찾아다니느라 소모하는 시간과 에너지를 아낄 수 있다.

2. 자주 사는 물건은 선호하는 사이트를 이용하고, 해당 사이트의 이벤트나 적립금을 잘 활용한다.

이 사이트, 저 사이트를 돌아다니면 시간도 많이 들고 적립금을 쌓기도 쉽지 않다. 보기 편하고 혜택이 좋은 사이트 하나를 정해서 그곳에서 적립금을 쌓는 것이 오히려 유리하다. 적립금을 쌓아두지 않고 현금처럼 그때그때 사용하는 것도 좋은 방법이다.

3. 정기적으로 사는 물건은 특가 요일, 시간에 알람을 맞춰둔다.

우리 가족 모두 유산균을 먹기 때문에 유산균은 한 달에 한 번 정기적으로 산다. 100일분이 보통 5만 원인데 특가 할인이 뜨면 200일분에 5만 원이다. 이렇게 지속적으로 사는 물건은 핫딜이 뜨는 날과 시간을 핸드폰 알람으로 설정해두거나, 카톡 알림을 신청해둔다. 정기적으로 계속 사는 물건은 특가 할인을 이용하는 것이 이득이다. 별도로 품을 들이지 않고도 필요한 물건을 싸고 빠르게 살 수 있으니 말이다.

4. 비싼 물건은 천천히, 꼼꼼하게 비교 분석한 후 산다.

고가의 제품은 천천히, 꼼꼼하게 비교 분석한 후 사는 것이 좋다. 5년 전 냉온 정수기를 사야 했는데 워낙 고가여서 신중하게 골라야만 했다. 인터넷 쇼핑몰과 제조사 홈페이지를 꼼꼼하게 비교했다. 대부분은 인터넷 쇼핑몰이 무조건 저렴하다고 생각한다. 하지만 의외로 제조사 홈페이지에서 큰 할인 폭으로 판매하는 경우도 있다. 냉온 정수기는 제조사 홈페이지에서 혜택이 더 많았고, 가격도 상대적으로 저렴했다. 5년이 지났지만 후회 없는 소비였다. 고가의 제품을 살 때는 시간을 들여서라도 천천히,

꼼꼼하게 비교 분석한 후 사야 후회 없는 소비를 할 수 있다.

　　미니멀리스트가 된 후로는 물건보다 경험에 시간과 에너지를 더 많이 쏟고 있다. 물건의 유효 기간은 짧지만 경험은 소중한 추억을 만들어주고 여운을 남긴다. 내가 사랑하는 사람들과 함께 소중한 추억을 많이 만드는 삶을 살고 싶다.

9

미니멀리스트의 집에는 ————
티브이가 있으면 안 될까?

우리 집에는 32인치 티브이가 있다. 12년을 함께한 오래된 친구다. 언제부턴가 '거실에서 티브이 없애기'가 유행처럼 번져나갔다. 티브이의 단점을 피하기 위해 거실에서 아예 없애는 방법을 많이 사용하기도 한다. 하지만 내 생각은 좀 다르다. 물건을 최대한 적게 소유하고 싶은 미니멀리스트지만 당분간 티브이를 비울 생각은 없다.

난 티브이를 좋아하고 아이들도 좋아한다. 좋아한다고 해서 온종일 멍하니 티브이만 보는 건 당연히 아니다. 티브이 자체는 문제가 아니다. 절제하지 못하는 것이 문제라고 생각한다. 그래서 아이들이 시간을 정해 티브이를 시청하고 스스로 끌 수 있는 절제력을 길러주는 것이 더 중요하다고 생각한다.

미니멀 라이프가 유행하면서 티브이뿐 아니라 한때 소파 없이 살기

도 유행한 적이 있었다. 어느 미니멀리스트의 집을 보고 난 후 영감을 받았다면 그 집을 나의 롤모델로 삼을 수 있을 것이다. 하지만 집은 자신에게, 내 가족에게 필요한 물건으로 채우는 것이 맞다고 생각한다. 미니멀리스트의 집과 우리 집을 비교하며 '우리 집에는 왜 아직도 이렇게 물건이 많나', '나는 왜 이것도 비우지 못하나' 하고 자책할 필요는 더더욱 없다.

사람의 얼굴이 제각각이듯, 미니멀 라이프의 색깔은 가지각색이다. 그리고 미니멀만이 반드시 정답은 아닐 것이다. 맥시멀 라이프를 좋아한다면 그렇게 사는 것이 더 행복한 인생일 것이다. 만약 맥시멀 라이프에 지쳤다면 자신에게 맞게 조금씩 미니멀 라이프를 들여오면 된다. 다른 누구를 따라 하기보다 나만의 미니멀을 하나씩 만들어가면 그것으로도 우리의 삶은 충분히 변할 것이다.

생활의 작은 변화, 내가 지향하는 방향으로 조금씩 향해가고 있다는 기쁨과 성취감. 어떤가? 재미있을 것 같지 않은가? 나는 미니멀리스트지만 티브이, 소파, 전자 피아노까지 소유하고 있다. 모두 지금 필요하고 내게 소중하기 때문이다.

미니멀리즘은 모든 물건을 버리고 비우는 삶의 방식이 아니다. 미니멀리즘은 물건이 있고 없고의 문제가 아니라 삶을 대하는 사고방식의 차원이다. 비단 물건뿐이 아니라 내게 중요한 것에 더 많은 시간과 에너지와 공간을 할애하는 것이다. 우선순위를 정하고 중요한 것에 집중하여 단순해지는 것, 그것이 미니멀 라이프의 진정한 의미라고 생각한다.

내게 꼭 필요한 물건은 무엇일까? 내 시간과 에너지를 어디에 먼저 쓸까? 모든 사람이 세상에 단 하나밖에 없는 자신만의 미니멀 라이프를 만들어가기를 소망한다.

10

내게 영감을 준
미니멀 라이프 책

2016년 8월, 미니멀 라이프를 안 순간부터 관련 책을 읽어나갔다. 국내 저자가 쓴 책이든 외국 저자가 쓴 책이든 가리지 않고 봤다. 7년이 지난 지금도 나를 설레게 하는 책 세 권이 있다. 그 책에 대해 잠시 이야기를 해보려고 한다.

1. 《행복의 가격》, 태미 스트로벨

"사람들은 결국 통행료를 내고 빚더미에 올라앉는 길로 진입하는 셈이다. 예컨대 신용카드 이자율을 평균 14퍼센트로 잡으면, 미국 가정은 빚을 청산하는 건 고사하고 빚이 더 늘어나는 것을 막는 데만 매년 2,240달러를 쓴다. 많은 미국인과 마찬가지로 나도 아파트와 차에 돈을 너무 쏟아 붓는 바람에 늘 빚지고 살았던 터라 그나마 입에 풀칠이

나에게 늘 새로운 영감을 주는 미니멀 라이프 관련 책들.

라도 하려면 더 오래, 더 고되게 일하지 않을 수 없었다. 나중에 깨달은 것처럼, 내가 소유한 물건이 오히려 나를 소유한 것이다."

p. 35에서 인용

이 책을 읽은 뒤 한동안 자동차 구매를 미뤘었다. 그래서 결혼 생활 10년 동안 차가 없었고, 차 구입과 유지에 들어가는 비용에서 자유로울 수 있었다. 내가 소유한 물건이 오히려 나를 소유하지 않도록 지나친 빚은 지지 않도록 늘 노력하고 있다. 아이들이 중·고등학생이 되면 돈이 많이 든다고 하는데 이때도 신용카드와 마이너스 통장을 쓰지 않는 것이 나의 작은 소망이다. 그 소망을 위해서 지금 아이들 교육을 위한 돈을 미리 저축하는 중이다.

2. 《두 남자의 미니멀 라이프》, 조슈아 필즈 밀번, 라이언 니커디머스

"나는 미니멀리즘 덕분에 더 중요한 일에 집중하고, 중요한 사람들에게 더 신경 쓰고, 건강을 유지하고, 열정을 좇으며, 한 인간으로서 계속 성장하고, 의미 있는 방식으로 기여할 수 있게 되었다."

p. 198에서 인용

이 세 줄이 이 책의 핵심 문구이다. 미니멀리즘을 통해 얻을 수 있는 건 단정한 집만이 아니다. 그것은 자연스레 따라오는 현상일 뿐이다. 그보다 중요한 일과 관계에 집중하는 것이 미니멀리즘의 핵심이다. 그로써 우리는 건강을 유지할 수 있고 다른 중요한 일에 열정을 펼칠 수도 있다.

현재의 내가 그렇다. 미니멀리즘을 만나 나만의 꿈을 힘차게 펼쳐가고 있다. 미니멀리즘을 만나지 못했다면 매일 반복되는 일상에 불평, 불만을 늘어놓으며 하루하루를 보냈을지 모른다. 그러나 지금의 나 자신은 과거와 완전히 달라졌다는 걸 스스로 느끼고 있다.

3. 《단순하게 살아라》, 베르너 티키 퀴스텐마허, 로타르 J. 자이베르트

"몸에 군더더기가 붙지 않게 하라. 완벽한 외모를 머릿속으로 그려라. 날마다 체중을 재보자. 아침에는 과일만 먹어라. 점심 식사는 원하는 만큼 마음껏 먹어라. 저녁 식사량을 줄여라. 살아 있는 음식을 먹어라. 기쁨을 갖고 벌을 달게 받아라. 먹는 방식을 조금씩 변화시키자. 물을 많이 마셔라."

p. 185~193에서 인용

미니멀 라이프와 먹는 것이 무슨 관련이 있느냐고 오히려 반문할 수도 있다. 하지만 단순하게 먹는 것은 미니멀리즘에서 무엇보다 중요하다. 요즘에는 먹을 것이 너무나도 넘쳐나는 세상이다. 집 밖에 나가면 온갖 맛집이 즐비하고 핸드폰 터치 몇 번이면 집 앞으로 음식이 뚝딱 배달된다. 하지만 지나치게 많이, 자극적으로 먹으면 건강에도 좋지 않을뿐더러 환경에도 안 좋은 영향을 미친다. 배달 음식을 한 번 시킬 때 나오는 엄청난 포장 쓰레기만 봐도 먹는 것과 미니멀리즘의 관계를 단번에 알 수 있다.

우리 삶 전반을 단순화시켜야 인생이 가벼워지고 만족감도 상승한다. 속이 꽉 찬 미니멀 라이프를 원한다면 위 세 권의 책을 추천한다. 그중 한 권이라도 읽는다면 당신의 삶은 이미 단순하게 변하고 있을 것이다.

11

인간관계에도
미니멀이 필요한
진짜 이유

외향적인 편이라 사람 만나는 것을 좋아했다. 전에는 수많은 모임에 참석하며 시간을 보냈다. 물론 사람을 만나며 보낸 시간이 마냥 무의미했던 건 아니다. 좋은 인연도 만났고 좋은 자극도 많이 받았다. 하지만 잦은 만남은 내 시간과 에너지를 빼앗아 갔다. 미니멀 라이프를 만난 후, 내가 그동안 원하지도 않는 인간관계 때문에 피로했고 그로 인해 정작 중요한 나만의 일에 에너지를 쏟지 못했다는 사실을 깨달았다.

특히 엄마가 되어 맺은 관계는 녹록하지 않았다. 지금까지도 연락을 주고받는 훈훈한 관계도 있지만 만날 때마다 힘들었던 관계도 있었다. 내가 아닌 아이들이 중심인 관계에서 적당한 선을 유지하기가 쉽지 않았다. 지금까지도 잊히지 않는 상처도 받았다. 많은 육아 선배가 이런 조언을 했다. "엄마들과의 관계는 '적당히'가 중요해!" 김미경 작가님도 말씀하셨다.

"옆집 엄마랑 너무 친해지지 말아요!" 그 말뜻을 이제는 알 것 같다.

지금 사는 이 동네에는 작년에 이사를 왔고 그래서 아는 사람이 하나도 없었다. 그래도 친정과 여동생 집이 가까워서 전혀 외롭다고 느끼지 않았다. 여기서 처음 알게 된 사람들도 첫째 아이의 1학년 친구 엄마들인데, 너무 깊지도 너무 가볍지도 않게 지내니 여전히 좋은 관계를 유지하고 있다.

나와 정말 잘 맞는 사람이라면 깊은 친분을 유지하며 지내도 좋다. 사람은 상처를 주기도 하지만 그 상처를 보듬어주기도 하니 말이다. 정말 그 사람이 좋고 나와 잘 맞다면 그 사람과 교류하는 시간이 아깝지 않을 것이다. 하지만 언제든, 어떤 이유로든 관계는 틀어질 수 있는 법이니 경계하고 적절한 거리감을 유지할 수 있도록 해야 한다. 가까운 사이일수록 예의를 지키고 선을 넘지 않도록 노력해야 한다.

아이들이 어린이집이나 학교에 가게 된 후 나만의 시간이 생겼을 때 가끔 친목 모임에 나가 기분 전환을 하는 것도 좋지만, 나 혼자만의 시간을 갖는 것이 무엇보다 중요하다. 하루 시간의 대부분을 아이들과 보내기 때문에 누군가와 함께하지 않고 오롯이 혼자인 시간을 보내는 것이 나 자신의 재충전을 위해 반드시 필요하다.

예전에는 혼자 있으면 외롭다고 생각했는데, 요즘에는 혼자만의 시간이 정말 즐겁다. 아이들을 등원시킨 후 걷는 한 시간. 뜨거운 햇살 사이를 걸으며 등줄기를 타고 내려오는 땀방울이 오히려 반갑다. 집에 돌아와 마시는 얼음 담긴 물 한 잔. 양쪽 창문으로 불어오는 바람을 느끼며 아무것도 안 하고 소파에 앉아 있어도 좋다. 식탁에 앉아 예쁜 노트북을 켜고 글을 써 내려간다. 조용한 오전에 들리는 새소리, 자연휴양림 펜션에 온 느낌이다.

　　혼자 먹는 점심은 여유로워서 좋다. 좋아하는 영화, 드라마, 만화를 보며 여유롭게 점심을 즐긴다. 반복되는 평일의 이 시간이 참 좋다. 그런 와중에 가끔씩 나가는 모임은 단비처럼 싱그럽게 느껴진다. 혼자 보내며 축적한 에너지가 있기에 모임에 나가서도 사람들과 더 적극적으로 교류할 수 있고 더 많은 것을 얻고 흡수할 수 있다.

　　지금 혹시 인간관계 때문에 힘들다면 스스로 감당할 수 있고 피곤하지 않을 만큼의 인간관계 폭과 만남의 빈도에 대해 생각해보는 것이 어떨까. 더 나아가 나를 성장시키고 발전시킬 수 있는 인연이라면 더할 나위 없이 좋을 것이다. 삶에서 빼놓을 수 없는 인간관계에서도 미니멀리즘은 내게 절대 법칙이다.

인간관계에도 미니멀이 필요한 진짜 이유

12

나의 버킷리스트

버킷리스트란 '죽기 전에 해보고 싶은 일을 적은 목록'을 가리킨다. 이 말은 중세시대에 스스로 목숨을 끊는 사람이 밧줄을 목에 감고 발을 받치고 있던 양동이를 차버리는 데서 유래했다고 한다. 어떻게 보면 조금 무거운 이야기에서 시작되었지만 버킷리스트는 그만큼 간절하게 해보고 싶은 일이라고 생각한다.

나는 새해, 1월이 되면 버킷리스트를 새로 작성한다. 그리고 한 해 동안 리스트를 달성하기 위해 집중한다. 이루는 데 오랜 시간이 필요한 것도 있기 때문에 일부 항목은 작년에 이어 올해도 버킷리스트에 오르고 또 일부는 이미 이루어서 완료 목록으로 옮겨지기도 한다.

버킷리스트는 내가 어떤 것에 집중해야 하는지, 어떤 일에 얼마만큼의 시간과 에너지를 할애할지 나침반처럼 알려준다. 나는 버킷리스트가 가리키는 방향에 따라 덜어낼 것을 덜어내고, 채울 것을 채워나간다.

　다음 페이지에 나오는 목록은 2022년에 내가 적은 버킷리스트다. 16번 '가계부 출간하기'처럼 이미 이룬 것도 포함되어 있다. 많은 이들이 자신만의 버킷리스트를 작성하면서 앞으로 나아갈 수 있는 동기를 얻으면 좋겠다.

나의 버킷리스트

01 테니스 레슨 받기 ☐

02 아마추어 테니스 여자 단식에 출전하기 ☐

03 괌으로 가족 여행 가기 ☐

04 친정엄마, 여동생과 셋이서 휴양지로 여행 가기 ☐

05 미니멀 라이프를 주제로 한 책 출간하기 ☐

06 미니멀 라이프 강연하기 ☐

07 김미경의 〈MKTV〉에 출연하기 ☐

08 〈아침마당〉에 출연하여 강연하기 ☐

09 호주로 가족 여행 가기 ☐

10 부모님, 여동생 네 가족과 함께 국내 여행 가기 ☐

11 수입이 늘 때마다 후원금 늘리기 ☐

12 수입이 늘 때마다 후원 아동 늘리기 ☐

13 53kg이 될 때까지 다이어트하기 ☐

14 다양한 나라로 내 책 수출하기 ☐

15 좋아하는 배우 조인성, 김우빈, 송중기 직접 만나기 ☐

16 내 이름으로 된 가계부 출간하기 ☐

17 가계부 강의하기 ☐

18 동기부여 강의하기 ☐

부끄러운
나의 과거

평소 주관이 뚜렷하고 독립적인 성격이라 다른 사람에게 의지하지 않는 편이다. 그런데 이상하게도 연애만 하면 딴사람이 되어버리곤 했다. 지금 남편이 남자친구였을 때, 그에게 많이 의지했고 또 지나친 소유욕으로 질투심이 불처럼 들끓었다.

결혼을 해서도 이런 마음에는 변화가 없었다. 이제 한 집에서 생활하니 남편을 믿어주고 그의 자율권도 보장해줬어야 했는데 그렇게 하지 못했다. 더구나 남편은 내향적인 편이라 여자 사람 친구가 하나도 없다. 학교도 남고와 공대를 나왔고 회사에도 거의 남자뿐이다. 그럼에도 나는 매일 남편의 문자와 통화 내역을 봐야만 직성이 풀렸다. 내 마음이 이렇게 집착으로 가득했을 때, 행복한 부부생활은 불가능했다. 남편에 대한 집착은 날 파괴했고 남편까지 병들게 만들었다. 집착이 심각했던 그 시기, 우리에

겐 아이가 없었고 나는 회사를 쉬고 있었다. 그 당시 나에게 넘치는 것이 시간뿐이니 더욱더 쉽게 나쁜 잡념에 시달렸다.

집착이 신기루처럼 사라진 건 미니멀리즘 덕분이다. 이렇게 말하면 모든 것이 미니멀 라이프 덕분이라고 말하는 것 같아 겸연쩍기도 하지만 정말로 그랬다. 미니멀리즘 덕분에 내 인생에서 무엇이 중요한지 찬찬히 생각해볼 수 있었고, 내 삶을 더 소중히 여길 수 있었다. 남편이 아닌 나 자신에게 집중할 수 있는 계기가 되기도 했다.

그렇게 꽤 오랜 시간이 흘렀다. 이제 나에게는 매일 하고 싶은 일이, 해야 할 일이 있다. 쓸데없이 감정을 소모하느라 소중한 시간을 잃고 싶지 않다.

과거의 어느 시기, 내 삶의 주체는 내가 아니라 남편이었다. 남편이 퇴근하기를 기다리며 남편에게만 모든 신경을 쏟았다. 결혼을 했어도 가장 중요한 것은 나 자신이다. 내가 없으면 사랑도 없다. 그러니 나를 잃어서는 안 된다. 남녀가 사랑한다는 건 공통분모가 생기는 것이지 온전히, 내가 사라져도 좋을 만큼 합쳐지는 일이 아니다. 나 자신을 사랑하지 않고 남만 바라보는 사랑은 허약하기 짝이 없다.

지금 우리 부부는 '따로 또 같이'를 실천하는 중이다. 함께 가정을 꾸려가고 서로의 꿈을 응원하는 최고의 파트너지만, 각자의 공간과 자유는 인정해준다. 칼릴 지브란의 《예언자》에 나오는 구절이 생각난다.

'함께 서 있으라. 그러나 너무 가까이 서 있지는 말라. 사원의 기둥들도 서로 떨어져 있고 참나무와 삼나무는 서로의 그늘 속에선 자랄 수 없으니.'

나무가 너무 빽빽하게 들어차서 그늘이 지면 묘목은 잘 자랄 수 없다. 찬란한 햇빛을 받고 바람도 맞으며 무럭무럭 자라려면 적당한 거리가 필요하다. 그 거리가 유지될 때 서로 성장할 수 있고 사랑도 지킬 수 있다. 그러니 사랑에도 미니멀리즘이 필요하다.

14

돈은 없지만
하고 싶은 일이 있다

앞서 소개한 나의 버킷리스트 중 1번이 바로 '테니스 레슨 받기'이다. 더 나아가 아마추어 테니스 대회에 출전하고 싶다고도 썼다. 대학 시절에는 테니스 동아리에서 열심히 테니스를 쳤었다. 공을 칠 때마다 느껴지는 후련함, 코트를 이리저리 누빌 때의 두근거림을 여전히 사랑한다. 이토록 사랑하는 테니스를 나의 평생 '반려 운동'으로 삼고 싶다.

최근에 첫째의 초등학교 1학년 엄마들을 만났다. 이야기 끝에 운동 이야기가 나왔는데 다들 아이들을 보내놓고 운동 하나씩 하고 있다고 했다. 그 이야기를 하는 순간에는 아무렇지도 않았는데 그 만남 이후 탄천을 걷다가 문득 마음 한편이 싸늘해졌다. 내가 매일 한 시간씩 걷기 운동을 하는 건, 걷기를 좋아해서이기도 하지만 솔직히 이 운동이 돈이 안 드는 운동이어서 하는 이유도 있으니 말이다.

오래된 나의 테니스 라켓.

4인 가족 생활비 100만 원으로 살면서 악착같이 절약하고 모았을 텐데 테니스 레슨 받을 돈도 없느냐고 물을 수 있겠다. 솔직하게 말하자면 진짜로 없다. 매달 시어머니께 생활비로 40만 원을 드리고 관리비, 보험료, 개인연금 등 고정 지출도 만만치 않다. 거기에 첫째도 자신이 원하는 학원에 보내고 있고, 둘째 어린이집 비용도 든다. 앞으로 아이들이 커가면서 돈이 더 들어갈 게 불 보듯 뻔한 데 저축을 안 할 수도 없는 노릇이다.

그날 아이 친구 엄마들이 가장 많이 한다고 했던 운동이 필라테스였다. 나도 필라테스에 관심이 많았던 때가 있었고, 그러고 보니 필라테스를 배운 적도 있었다. 테니스 레슨 받을 돈은 없다면서 필라테스는 어떻게 배웠냐고 물을 수 있다. 사실대로 말하자면 내 돈은 하나도 내지 않고 필라테스를 배웠다.

2017년 〈엄지의 제왕〉이라는 티브이 프로그램에서 필라테스로 다이어트를 하고 싶은 사람을 모집했었다. 첫째가 어린이집에 다니기 시작한 시점이라 마침 여유 시간이 조금 생겨 서둘러 신청했다. 필라테스를 3주나 무료로 배울 수 있다고 했다. 손예진 배우가 실제로 다니는 필라테스 학원이었다. 운이 좋아 참가자로 선정되었고 수업을 들으러 가서 손예진 배우를 코앞에서 보기도 했다. 아이를 어린이집에 보내고 주 3회 가로수길까지 가서 몸을 늘리고 펴고 굽히고 매달렸다. 새로운 운동을, 배우고 싶었던 운동을 공짜로 할 수 있어 행복했다.

늘 그랬다. 하고 싶은 일이 있는데 돈이 모자라면 다른 방도를 찾곤했다. 그러면 신기하게도 기회가 생겼다. 테니스도 무료로 레슨을 받은 적이 있었다. 우연히 길을 가다 현수막을 발견했는데, ○○구에서 주민을 위해 무료 테니스 강습을 한다고 했다. 그런데 그 현수막을 발견한 그날이 바로 마감 날이었다! 그날 가까스로 신청을 했고 그렇게 테니스 레슨을 받았다. 그만큼 간절해서였을까? 감사한 일이 소리 없이 찾아오기도 한다.

엄마들과 만난 날, 마음이 싸늘했던 이유는 이제 나도 원하는 걸 편하게 손에 넣고 싶다는 생각 때문이었을 것이다. 하지만 한 걸음 한 걸음 성실하게 걷고 땀을 비 오듯 흘리는 과정에서 생각이 바뀌었다.

'이렇게 걸을 수 있어서 행복하다.'

간절히 원한다면 늘 그랬듯 머지않은 미래에 선물처럼 기회가 찾아올 수도 있고, 지금보다 경제적으로 나아져서 큰 부담 없이 테니스 레슨을 받을 수도 있을 것이다. 자기 합리화라고 해도 그렇게 생각하고 싶다. 하고 싶은 걸 할 수 없다고 그냥 무기력하게 주저앉아 있기보다 지금 할 수 있는 일을 하면서 기회를 만들어가고 싶다. 오늘도 나는 변함없이 걷기 운동을 하러 나갈 예정이다. 조만간 언제든 내가 하고 싶을 때, 테니스 레슨을 받을 수 있는 날이 반드시 올 거라고 믿으면서 말이다.

“

내게 꼭 필요한 물건은 무엇일까?

내 시간과 에너지를 어디에 먼저 쓸까?

모든 사람이 세상에 단 하나밖에 없는

자신만의 미니멀 라이프를 만들어가기를 소망한다.

”

2부

비교로부터
자유로운
미니멀 라이프

Minimal
Life

2-1
살림에도 미니멀의 원칙이 있다

시작은 정리정돈,
나아가 미니멀 라이프

첫째가 돌이 되었을 때, 나는 지칠 대로 지친 상태였다. 육아 우울증까지 앓았으니 더 보탤 말이 뭐가 있을까. 그래도 안간힘을 쓰면서 내 존재의 의미를 찾고 삶의 보람을 느끼려고 발버둥을 쳤다. 그러한 시도 중 하나가 바로 정리정돈 자격증이었다. 매주 일요일, 남편에게 아이를 맡기고 수업을 들으러 다녔다. 총 5주 동안 종일 수업을 들었다. 공부를 하니 그 자체로 위안이 되고 기운이 돌았다. 수업과 실습, 시험까지 통과해 정리정돈 1급 자격증을 땄다. 비록 민간 자격증이었지만 전업주부이자 아기 엄마로 집에만 있는 내게는 오롯이 자신에게 집중할 수 있는 귀한 시간이었다. 나의 미니멀 라이프는 정리정돈으로 그 출발을 끊었고, 정리정돈은 그 후 더욱 깊고 깊은 미니멀리즘의 세계로 나를 인도했다.

결혼 4년 만에 서울 소재에 26년 된 아파트를 매매했다. 기쁘고 가슴 벅찬 일이 아닐 수 없었다. 그런데 지은 지 오래된 집이라 인테리어 공사를 해야 했다. 공사를 마친 후 유명 인터넷 카페인 '레몬테라스'에 우리 집을 공개했다. 10평대의 작은 집이고 게다가 뛰어난 인테리어 감각으로 꾸민 집도 아니었지만 소중한 내 공간, 내가 직접 정리한 우리 집을 사람들에게 보여주고 싶었다. 인테리어가 훌륭하다고 할 수 없는 집이니 큰 기대는 없었다. 그저 사는 모습을 사람들과 나누며 소통하려는 목적이 더 컸다. 그런데 신기하게도 사람들은 우리 집의 인테리어보다 내부 정리정돈에 많은 관심을 가져주었다.

'의외로 사람들은 정리정돈에 관심이 많구나!'

무조건 예쁜 집, 화려한 집, 콘셉트가 있는 집에 열광할 것이라는 편견이 와장창 깨지는 순간이었다. 그때부터 블로그에 정리정돈에 관한 글을 쓰기 시작했다. 주제는 '미니멀 라이프 실천하기'였다. 옷장, 주방, 화장대, 서랍장, 냉장고 등등 집 구석구석을 하나씩 정리해가기 시작했다.

정리정돈 자격증 수업을 들을 당시, 강사님은 수납의 중요성을 강조하셨다. 그 말을 금이야 옥이야 하는 마음으로 들었던 나는 집을 정리하면서 수납을 위한 바구니를 엄청나게 사들였다. 하지만 그 절대적인 믿음은 진정한 미니멀리즘을 만나면서 180도 바뀌었다.

2016년 8월이었다. 티브이 채널을 돌리다가 우연히 KBS 다큐멘터리 프로그램 〈사람과 사람들〉을 보게 되었다. 프로그램 제목이 마침 〈우리는 너무 많은 것을 가지고 산다〉였다. 제목을 보자마자 머리가 땡했다. 너무나 공감이 가는 제목이었다. 그때부터였다. 미니멀 라이프의 매력에 깊이 빠져들게 된 건. 방송을 보다 보니 미니멀 라이프의 핵심은 내가 그토록

열과 성을 다했던 '정리'가 아니었다. 핵심은 '비우기'에 있었다.

'이렇게 많은 바구니가 무슨 소용이지? 이 바구니에 든 것들이 전부 우리 집에 필요한가? 필요 없는 걸 정돈하는 게 무슨 도움이 되지?' 이런 깨달음 뒤에 집에 있던 수납 바구니를 이웃들에게 많이 나눠드렸다. 그 뒤로는 필요하지 않은 물건을 비우고 최소한의 바구니로만 수납했다. 물건이 적어지니 바구니도 더는 필요하지 않았다.

알게 모르게 미니멀 라이프에 끌렸지만 그것을 명확하게 표현할 말을 몰랐다. 그러다 그 삶의 방향에 '미니멀 라이프'라는 이름을 찾아주자 날개를 단 것처럼 실행력이 붙었다. 미니멀 라이프를 공부하는 동안 정리정돈을 잘해서 공간을 단정하게 하는 것은 미니멀 라이프의 끝이 아니라 시작임을 배웠다. 그리고 집뿐 아니라 내 삶도 잘 가꿔나가고 싶다는 의지가 생겼다. 차츰 눈에 보이지 않는 것에 더 관심을 기울이고 미니멀리즘의 원칙을 적용하기 시작했다. 그러자 내 인생 전체가 가벼워지기 시작했다.

나조차도 알 수 없는 뭔가에 끌려다니는 것만 같던, 그래서 자꾸만 자꾸만 가라앉기만 하던 내게 미니멀리즘은 인생의 튼튼한 동아줄이 되어주고 있다.

시작은 정리정돈, 나아가 미니멀 라이프

2

미니멀 라이프를
하려면
시간 관리가 필요하다

전업주부의 일과표

직장인은 아니지만 내게는 하루 일과표가 있다. 이 루틴은 둘째가 어린이집을 다니기 전부터 시작해서 지금까지 꾸준히 지켜오고 있다. 우선 새벽 다섯 시에 하루를 시작한다. 아침형 인간에 가까워서 새벽 기상이 어렵지만은 않다. 다섯 시부터 일곱 시까지는 집중적으로 자기 계발을 하는 시간이다. 책을 읽고, 강의를 듣고, 글을 쓰고, 유튜브 영상을 기획한다. 두 시간의 공부로 하루를 열면 그 뿌듯함이 하루 종일 이어진다.

아침 일곱 시가 되면 샤워를 한다. 아침 샤워는 상쾌한 아침을 열기 위한 나만의 의식이다. 그리고 아이들이 등원하기 전에 대부분의 집안일을 끝낸다. 그 무엇보다 나의 시간이 제일 소중하기에 바쁘게 움직인다. 아이들을 보내고 나면 무조건 매일 한 시간씩 탄천을 걷는다. 다이어트와 건강을 위해서 매일 걷는다. 산책을 하는 동안 불안과 고민은 저 멀리 달아나 작아지고, 희망은 한껏 부풀어 오른다.

집에 돌아오면 미리 돌려놓았던 빨래를 건조기에 돌린다. 잠시 휴식을 취한 뒤 하고 싶은 일을 한다. 그 시간 동안 집안일은 하지 않는다. 책을 보고, 공부를 하고, 영화를 보고, 때론 뒹굴뒹굴하기도 한다. 그러다 보면 어느새 빨래 건조가 끝난다. 재빨리 개켜서 정리하면 점심시간이다. 점심은 일정한 시간에 느긋함을 즐기며 천천히 먹는다.

이제 아이들이 돌아올 시간이다. 학교를 마친 첫째를 데리고 집에 오면 함께 숙제를 한다. 학교 숙제를 끝내면 우리만의 공부도 한다. 중간중간 학원 시간에 맞춰서 아이를 데려다준다. 둘째까지 집에 다 돌아오면 간식을 준비한다. 이제 아이들을 씻기고 저녁 준비를 한다.

저녁 시간은 여유가 있는 편이지만 그 시간은 따로 빼두지 않고 아이들에게 집중해 온전히 보낸다. 아이들과 함께하는 시간도 내게는 무척 소중하기 때문이다. 하루가 긴 것 같아도 아이들과 함께하면 눈 깜짝할 사이에 시간이 흘러간다. 아이들과 책을 읽고 밤 아홉 시면 잠자리에 든다.

이 일과 가운데 몇 가지는 가끔 못 할 때도 있지만 무슨 일이 있어도 반드시 지키는 세 가지가 있다. 바로 365일 아침 샤워하기, 아이들 등원 전에 집안일 끝내기, 일찍 자고 일찍 일어나기다. 그래야 내게 집중할 수 있고 나만의 시간을 확보할 수 있기 때문이다.

하루 두 시간은 종일 근무를 하는 직장인, 학교에 다니는 학생에 비하면 보잘것없는 시간이다. 그만큼의 시간을 내게 투자한다고 해서 당장 얻는 소득은 없을 수도 있다. 오히려 아무 소용도 없는 일에 시간을 쏟는다

미니멀 라이프를 하려면 시간 관리가 필요하다

고 핀잔을 주는 사람이 있을 뿐이다. 하지만 눈에 보이지 않고 누가 알아주지 않는다 해도 나는 성장하고 있다. 다른 사람은 몰라도 내가 안다. 수많은 방해물에도 나는 멈추지 않기 위해 늘 다짐한다.

내게는 엄마 이외에 다른 이름으로도 불리고 싶다는 소망이 있다. 그 꿈을 이루기 위해 한 시간도 허투루 보내고 싶지 않다. 그래서 시간을 철저히 관리하며 살아가고 있다. 자칫 늘어지기 쉬운 전업주부의 시간. 조금만 살뜰하게 관리하면 하루를 보람으로 가득 채울 수 있다. 그래서 오늘도 아침 샤워로 하루를 열고, 아이들에게 책을 읽어주며 하루의 문을 닫는다.

온종일 집안일만 할 수 없다

워킹맘은 회사에 가면 해야 할 일이 눈에 보인다. 회의 시간이 있고, 거래처 미팅이 있고, 프로젝트 마감일이 있고, 달성해야 할 목표가 있다. 그래서 주어진 일정에 맞추어 일하며 업무 시간을 밀도 있게 사용한다. 반면 전업주부의 시간은 스스로 계획하지 않으면 세세하게 분리되지 않는다. 그저 24시간이 통으로 주어진다. 그래서 시간 관리가 더욱더 어렵다. 그렇다면 어떻게 해야 24시간을 밀도 있게 사용할 수 있을까?

시간 관리에 관한 책 《메이크 타임》에는 '하이라이트'라는 개념이 나온다. 하이라이트란 '최우선 사항'으로 저자는 "눈 뜨자마자 가장 중요한 일을 하라"고 말한다. "하루하루를 하이라이트로 연결해나가면 자신이 원하는 꿈을 이룰 수 있고 원하는 삶의 방향에 도달할 수 있다"고 말한다.

전업주부가 시간 관리 잘하는 법

1. 눈 뜨자마자 하이라이트를 선택해 실행하기

매일 새벽 다섯 시에 일어나 집안일, 육아가 아닌 나를 위한 공부를 한다. 보통은 독서, 인스타그램 콘텐츠 만들기, 블로그 글쓰기, 유튜브 영상 편집하기 등을 한다. 나를 위한 공부로 하루를 시작하면 성취감이 생기고 하루가 싱그러워진다.

2. 집안일은 최대한 빨리 끝내고, 아이들이 밖에 있는 시간 동안 나를 위한 공부하기

아이들 등원 전에 대부분의 집안일을 끝낸다.

7:00~7:15   환기, 커튼, 이불 정리, 매트리스와 이불 침실로 옮기기

7:15~8:00   로봇 청소기 돌리기, 아침 식사 준비, 아침 식사

8:00~8:30   설거지 식기세척기에 넣기, 싱크대 청소, 세탁기 돌리기

8:30~8:35   거실 로봇 청소기 돌리기

8:35~8:45   첫째와 둘째, 학교와 어린이집에 데려다주기

8:45~9:45   아이들을 데려다준 후 집 근처 탄천 걷기

미니멀 라이프를 하려면 시간 관리가 필요하다

시간 관리만 잘해도
자존감이 높아진다

하루가 저무는 어둑한 시간, 다들 이런 생각을 해본 적이 있을 것이다. '뭘 했다고 벌써 이 시간이지?' 특히 전업주부는 자칫하면 온종일 집안일만 하다가 시간을 흘려보내고 허무한 기분에 휩싸일 수 있다. 그래서 시간 단위로 계획표를 짜서 실행하는 것이 전업주부에게 더욱더 중요하다.

시간 관리를 잘하면 하루 종일 집안일에 매여 있는 대신 자신을 위한 공부를 할 수 있다. 눈에 보이는 성과가 없다고 해도 꿈이 생기면 하루하루가 생기 있고, 즐거워진다. 나를 위한 시간으로 아침을 맞이하면 하루가 완전히 달라진다. 시간에 끌려다니는 삶이 아니라 스스로가 통제하고 관리하는 삶으로 탈바꿈한다.

온종일 집안일만 하면 아이들이 집으로 돌아올 시간이 되면 허탈하고 짜증이 날 수밖에 없다. 아이들이 와도 반가울 리 없다. 또 다른 일거리가 생겼다는 생각에 스트레스를 느낄 뿐이다. 하지만 자신을 성찰하는 시간을 보낸 다음에는 더 즐겁게 아이들을 맞이할 수 있다.

아침이면 '오늘도 꿈을 향해 달려보자'라고 마음속으로 되된다. 그러면 거짓말처럼 눈이 번쩍 떠진다. 피곤함이 물러가고 새날의 에너지가 차오른다. 하루를 알차게 사용하면 할수록 그만큼 꿈에 한 발짝 더 가까워진다. 꿈이 현실에서 그 모습을 드러내며 경제적 소득까지 생긴다. 전업주부에게 경제적 소득은 일종의 자존감이다. 자존감이 높아지면 자신뿐 아니라 가족을 더 사랑하게 된다. 그러니 시간 관리란 나를 위한, 그리고 가족을 위한 사랑이기도 하다. 그리고 시간 관리를 통해 허투루 보내는 시간 없이 온전하게 하루를 보내니 성취감은 이루 말할 수 없을 정도로 커진다.

3

현실적인
시간 관리법

전업주부의 시간은 마치 고무줄 같다. 그만큼 탄력적이다. 아무것도 안 할 수도 그리고 수없이 많은 일을 할 수도 있다. 어떻게 해야 이 고무줄 같은 시간을 제대로 잘 관리할 수 있을까?

1. 단계별 계획을 세운다

연간 계획, 월간 계획, 주간 계획을 차례대로 세운다. 연간 계획은 남편과 공유한다. 예를 들어 '1년 동안 대출금 얼마를 갚는다'처럼 구체적인 계획을 세운다. 주간 계획은 핸드폰 메모장에 전부 정리해둔다. 잊어버리지 않기 위해 알람 설정도 해둔다. 구체적인 계획은 시간 관리에 반드시 필요하다. 이렇게 구체적으로 정리하고 실행하지 않으면 마냥 일을 미루게 된다.

2. 매일 반복하는 집안일도 순서와 시간을 정한다

매일 하는 집안일은 방향성 없이 닥치는 대로 하기 쉬운데, 나름의 원칙을 세워 동선을 만들어두면 편리할 뿐만 아니라 시간을 절약할 수 있다. 나는 설거지, 청소, 빨래의 순서로 집안일을 한다. 설거지는 금방 티가 나고 냄새가 나기 때문에 가장 먼저 처리한다. 그리고 간단하게 청소를 한 후 빨래를 돌려놓고 첫째 아이와 둘째 아이를 학교와 어린이집에 데려다준다.

3. 틈새 시간이 생각보다 많다

저녁으로 닭볶음탕을 준비한다고 해보자. 끓이고 찌는 요리를 할 때는 불 옆에 있어야 하지만 마냥 지켜보고 있어야 하거나 계속 저어줄 필요는 없기 때문에 틈새 시간이 있다. 20분 정도 탕을 끓이는 그 시간에 재료를 준비하며 생긴 설거지를 재빨리 해버린다. 그 후 남은 시간에는 무엇을 할까? 식탁에 독후감을 쓸 책과 독서대를 가져온다. 독서대에 책을 펼친 후 책을 고정한다. 핸드폰에 독후감에 인용할 문구를 정리한다. 요리 상태를 살펴보며 독후감을 쓴다. 아무것도 아닌 것 같은 자투리 시간이지만 활용하려고 하면 꽤 알차게 사용할 수 있다. 설거지를 하거나 빨래를 개는 시간에는 보통 유튜브 강의를 듣는다. 영상은 안 보고 귀로만 들어도 도움이 된다.

4. 분기별로 점검하고 평가한다

보통 회사에서는 1년을 넷으로 나눠 보고하고 평가한다. 전업주부지만 나 역시 나의 계획을 분기별로 점검하고 평가하고 이를 블로그와 인스타그램에 기록한다. 나의 평가 대상은 나를 성장시켜줄 공부나 산후 다이어트 등 건강관리가 대표적이다. 공부로는 독서가 주요한 부분을 차지한다. 일주일에 한 권씩 책을 읽고 독후감을 블로그에 올리고 있다. 분기별로 나의 독서 활동을 점검하고 결산한다. 1분기가 끝나면 새로운 2분기 목표를 세운다. 체중 감량에 대해서도 기록하고 평가한다.

세상에 유일하게, 모두에게 평등하게 주어지는 것이 있다면 하루 24시간이다. 이 소중한 하루를 어떻게 보낼지는 자신에게 달려 있다. 선물 같은 하루를 매일 감사하며 밀도 있게 보내고 싶다. 아이 둘을 돌보다 보면 하루가 정신없이 흘러갈 수 있지만, 어떻게든 짬을 만들어 나만의 시간을 꼭 가지려고 노력한다. 계획하지 않으면 어제와 다른 오늘, 오늘과 다른 내일을 기대할 수 없기 때문이다. 하루하루가 반복적이고 지루한 것 같아도 나 스스로 얼마든지 그 하루를 반짝반짝 빛나게 만들 수 있다.

4

매일 같은 옷을 입어도 ——
초라하지 않은 이유

    나는 옷이 많지 않다. 같은 옷을 날마다 입을 때도 많다. 그러나 다른 사람의 시선을 의식하면서 스스로를 초라하게 느낀 적은 없다. 둘째 임신 중에 원피스 하나만 매일 빨아서 입은 적이 있었다. 당시 첫째 아이 유치원 엄마들을 매일 만났으니 내가 같은 옷만 입는 걸 알았을 것이다. 안다고 해도 아무 상관이 없다. 좋아하는 옷을 깨끗하고 단정하게 입는 것이 내 스타일이기 때문이다. 화사하고 밝은 옷을 좋아해서 그런 품목을 자주 사고 오랫동안 만족하며 입는다. 중저가 브랜드의 옷도 아껴주고 사랑해주면 5~10년은 너끈히 깨끗하게 입을 수 있다.

    여름, 평일 나의 패션은 딱 두 가지다. 반팔 상의 두 벌, 시원한 여름 바지 한 벌. 반팔 상의는 번갈아 입으면서 세탁한다. 그리고 여름 바지는 바깥 볼일을 마치고 돌아와 빨아서 탁탁 털어서 걸어두면 아침이면 다

내 옷과 남편 여름 옷이 들어 있는 옷장. 늘 여유 있게 유지하려고 한다.

말라 있다. 가끔은 건조기에 돌리기도 한다. 여름 원피스도 있지만 주말에만 입는다. 아직 몸에 맞지 않는 원피스가 많다. 아이들 등·하원을 시키며 많은 분과 마주친다. 그분들은 내가 두 가지 옷만 입는 걸 아실까? 사실 다른 사람 옷차림까지 신경 쓰는 사람은 생각보다 많지 않다. 내가 다른 사람을 의식하지 않는다면 아무런 문제가 되지 않는다. 내가 좋아하는 옷을, 깔끔하게 입는다면 옷차림은 그것으로 충분하다. 심지어 가끔, 옷이 예쁘다며 칭찬을 듣기도 한다.

사계절 외투 포함 상·하의를 모두 합치면 스무 벌 정도의 옷이 있다. 옷이 너무 적은 거 아니냐고 생각할지도 모르겠다. 하지만 매일 출근하는 것도 아닌데 이 정도만 있어도 아무런 불편함이 없다. 옷에 신경 쓸 일이 없다고 해서 내가 스티브 잡스, 마크 저커버그가 될 수 있는 건 아닐 테다. 하지만 옷을 고르고 입는 데 딱 1분이면 족하다는 건 무척 큰 장점이다. 집안일, 아이 교육, 나의 꿈을 나란히 끌고 가려면 내게 주어진 24시간을 알맞게 빈틈없이 써야 한다. 나는 무엇보다 꼭 필요한 곳에만 시간을 쓰고 싶다.

이틀에 한 번씩 돌아가며 입는다고 해도 내가 좋아하는 옷이라면 그걸로 나는 만족이다. 옷이 많아서 행복감을 느끼는 사람도 있겠지만, 지금의 나는 내가 좋아하는 옷을 입는다는 것만으로도 스르르 기분이 좋아진다. 다른 사람의 시선에서 초연해지면 그만큼 자유로움이 따라온다.

매일 설레는 마음으로 옷장을 연다. 옷 가짓수가 적어 옷을 고르는 시간도, 외출 준비 시간도 거의 걸리지 않는다. 오래 쓴 물건은 친구처럼 정이 들어 더욱 아끼는 마음이 든다. 진짜 중요한 가치가 무엇인가를 깨달으면서 나는 내 삶을 더 사랑하게 되었다. 꽃들이 저마다의 모습으로 아름답듯이 무슨 옷을 입든 우리는 그 존재만으로 빛날 수 있다.

사계절, 옷은 20벌이면 충분

옷장 : 사계절 옷 총 20벌
- **겨울** : 롱패딩, 패딩, 코트
- **봄, 가을** : 야상, 원피스 1벌, 바람막이 점퍼, 티셔츠 4벌, 청바지 3벌
- **여름** : 원피스 4벌, 반소매 티셔츠 2벌, 반바지 1벌
- **소품** : 핸드백 1개, 20년 된 배낭, 선캡 1개
- **신발 총 3켤레** : 운동화 2켤레, 크록스 샌들 1켤레

매일 같은 옷을 입어도 초라하지 않은 이유

사계절 옷 20벌을 유지하는 방법은 간단하다. 둘째 임신 후 찐 살이 아직 다 빠지지 않았다. 그래서 좋아하는데도 못 입는 옷이 많다. 지금 당장 몸에 맞는 옷을 사고 싶다는 생각은 들지 않는다. 우선 단기적으로 55kg을 만드는 것이 나의 첫 번째 목표이다. 그리고 장기적으로 결혼식 당일 몸무게였던 52kg을 목표로 하고 있다.

목표 달성 전까지는 쇼핑을 하지 않고, 필요할 때는 근처에 사시는 친정엄마의 옷을 빌려 입고 있다. 귀찮고 번거로울 것 같지만 그렇지 않다. 목표로 한 몸무게를 달성하기 위해 매일 한 시간 걷고, 매일 아침 일어나자마자 체중계에 올라가 몸무게를 재본다. 조금씩 줄어가는 몸무게를 보고 있으면 쇼핑 생각은 달아난다. 그리고 날씬해질 내 모습만 떠오른다.

옷을 사는 나만의 철학

옷을 사고 화장품을 사고… 그러다 보면 옷장이건 화장대건 어느새 물건이 가득해진다. 사실 예쁜 물건을 사는 것만큼 기분 전환이 되는 일도 없다. 매일 새로운 자극이 없는 전업주부에게는 더 그렇다. 그러나 문제는 기분 전환도 그때뿐이고, 잘 입지도 잘 쓰지도 않는 그 물건이 자리만 차지하기 십상이라는 것이다.

원래 충동적으로 옷을 사지 않는 편이다. 인터넷 쇼핑보다는 매장에 가서 직접 눈으로 보고 입어 보고 사는 것을 좋아한다. 유행을 따르기보다 내게 어울리고 내 마음을 움직이는 옷만 산다. 구매한 지 10년이 되었지만 여전히 감동을 주는 봄·가을 원피스가 있다. 이 옷은 유행을 타지 않고 오

Minimal life

래 입어도 싫증이 나지 않는 스타일이다. 지금도 이 원피스를 입을 때면 가슴이 콩닥콩닥한다.

　　다른 미니멀리스트들은 검은색, 흰색, 회색 옷을 즐겨 입는다. 단정하고 서로 매치하기도 쉽기 때문이다. 하지만 나는 화려한 색을 좋아한다. 그래서 다양한 색상의 옷을 사는 편이다. 내 얼굴과 분위기에 어울리는 색상의 옷을 고르면 예쁘게 코디할 수 있고 개성 있는 스타일을 창조할 수 있다. 미니멀리즘을 추구한다고 해서 판에 박힌 공식을 따라 할 필요는 없다. 미니멀리즘 안에서도 내 철학과 개성을 얼마든지 표현할 수 있다. 오히려 마음에 드는 옷 위주로 사면 아끼고 관리하며 5~10년을 충분히 입을 수 있다. 그러면 소비까지 줄일 수 있으니 이것이 나만의 미니멀 라이프 실천법인 셈이다.

5

효율적인
미니멀 살림법

앞서 말했듯 아이들이 학교와 어린이집에 가기 전까지 모든 집안일을 다 끝내는 게 나의 원칙이다. 사실 처음부터 이 원칙을 지키는 것은 쉽지 않았다. 다음은 최소한의 시간을 들여 깔끔한 집과 생활을 유지하는 나만의 노하우다.

집안일은 최대한 빨리 끝내기

1. 적은 설거지라도 미루지 않기

: 간단한 일이라도 쌓아두면 나중에는 하기 싫어지고 힘들어진다. 그중에서도 설거지가 가장 그렇다. 설거지는 그때그때 해야 냄새도 나지

물건이 없으니 늘 단정하게 유지할 수 있다.

않고 한꺼번에 하는 수고도 덜 수 있다.

2. 싱크대 배수구 청소는 설거지하면서 하기

: 설거지 따로 하고 싱크대, 배수구 청소를 따로 할 게 아니라 설거지할 때 한꺼번에 처리하는 것이 좋다. 이왕 시작한 김에 단 1분만 시간을 내면 한 번에 해결할 수 있다. 따로 대청소할 필요 없이 늘 청결한 싱크대를 유지할 수 있다.

3. 빨래 널기의 원칙!

: 빨래는 두 번씩 털어서 넌다. 이렇게만 해도 옷에 주름이 생기지 않는다. 햇볕이 잘 드는 쪽에 두꺼운 빨래를 넌다. 그러면 두꺼운 빨래도

뽀송뽀송 마른다.

4. 식탁에는 아무것도 두지 않기

: 식탁 위에 여러 물건을 놓아두면 사용할 때는 편리할지 몰라도 지저분해지기 일쑤다. 또 청소할 때마다 그 물건을 움직여가며 치워야 해서 번거롭다. 아무것도 두지 않으면 청소하기가 수월하고 시간이 단축된다.

5. 주방에는 꼭 필요한 물건만 꺼내두고, 동선에 따라 배치하기

: 꼭 필요한 물건만 꺼내두면 요리 공간을 넓게 이용할 수 있다. 또한 동선에 따라 물건을 배치하면 찾기도 쉽고, 요리하기도 수월하다.

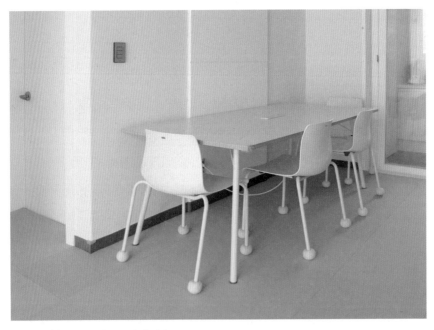

언제나 깨끗하게 유지하는 우리 집 식탁.

6. 서랍장 위에 물건 두지 않기

: 물건이 없으면 먼지가 덜 쌓이고, 청소가 편하다.

7. 아이들 장난감은 스스로 정리하게 하기

: 아이들이 스스로 즐겁게 정리할 수 있도록 정리 놀이를 한다. 아이들이 자신들의 물건만 정리를 잘해줘도 집안일이 훨씬 쉬워진다.

아이들 장난감은 아이들이 스스로 관리할 수 있게 규칙을 정했다.

시간을 절약해주는
매일, 일주일, 한 달 루틴

대청소는 누구에게나 힘들다. 하지만 집안일도 나만의 루틴을 만들어두고 실천하면 굳이 온 집 안을 뒤집어가며 따로 대청소를 할 필요가 없다. 하루 5분 청소를 습관화하면, 5분만으로도 늘 깔끔한 집을 유지할 수 있다. 매일 루틴, 일주일 루틴, 한 달 루틴으로 나누어 계획을 세워보자. 참고로 집안일 순서는 자신의 상황과 동선을 고려해 정하는 것이 좋다.

① 매일 하는 루틴

☑ 아침에 일어나자마자 침구를 정리한다.

　아이들과 매트리스에서 자기 때문에 매트리스부터 옮긴다. 이불을 접고,

　옷장에 가지런히 넣는다.

☑ 방마다 문을 열고 환기한다.

☑ 아침 샤워 후 배수구에 있는 머리카락을 치운다.

☑ 아침 샤워를 끝낸 후 세탁기를 돌린다.

☑ 아침 식사에 사용한 그릇을 식기세척기에 넣는다.

☑ 음식물 쓰레기를 비우고, 개수대와 배수구까지 깨끗이 청소한다.

☑ 아이들 등원 전 로봇 청소기를 돌리고 데려다주러 나간다.

☑ 한 시간 걷기 운동 후 돌아와 다 된 빨래를 건조기에 넣는다.

☑ 세탁기 먼지 거름망은 매일 닦고, 통풍이 잘되는 그늘에 말린다.

☑ 건조기 작동이 끝나면 물을 비우고, 먼지 거름망을 매일 닦고, 통풍이 잘
   되는 그늘에 말린다.

☑ 다 마른 빨래는 바로 접어 제자리에 넣는다.

② 일주일에 한 번 하는 루틴

☑ 주말에 아침 샤워를 하며 세면대, 변기, 욕조, 바닥 등 욕실 청소를 한다.

☑ 베갯잇을 세탁한다.

화장실에도 딱 필요한 물건만 둔다.

③ 한 달에 한 번 하는 루틴

☑ 욕실 배수구를 청소한다.

☑ 발코니(베란다)를 청소한다.

☑ 베개 솜을 세탁한다.

효율적인 청소 루틴

집안일은 고난이도의 일이 아니다. 특히나 청소는 효과적인 방법을 배우고 마음만 먹으면 누구나 잘할 수 있다. 오늘 자신만의 청소 루틴을 만들어보면 어떨까? 온종일 집안일에 매여 있지 말고 미니멀한 청소 루틴으로 간단하게 집안일을 끝내보자.

1. 욕실 청소

① 샤워하며 5분 욕실 청소

아침 샤워를 하며 일주일에 한 번 욕실 청소를 하면 5분 안에 끝낼 수 있다. 못 쓰는 천연 수세미 두 개를 준비한다. 한 개는 세면대, 샤워기, 거울을 닦는 용도이고 다른 하나는 변기를 닦는 용도이다. 끓인 물에 과탄산소다 한 스푼을 넣어준다. 거기에 주방세제를 한두 방울 넣는다. 그러면 거품이 나면서 세정력이 좋아진다.

먼저 물을 뿌린 후, 청소할 곳을 과탄산소다 푼 물을 묻힌 수세미로 닦는다. 그러고 나서 샤워기로 물을 뿌려주면 끝이다. 욕실을 나서기 전 사용한 수건으로 욕실 물기를 닦아주면 곰팡이 걱정은 안 해도 된다. 샤워 때문에 김이 서려 뿌옇게 된 거울을 수건으로 살살 닦아주면 거울이 깨끗해진다.

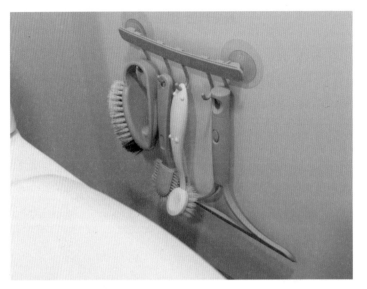

청소가 끝나면 늘 제자리에 두는 청소 용품.

변기 속은 변기용 솔로 닦아준다. 욕실 바닥 청소는 과탄산소다 끓인 물을 바닥용 솔에 묻혀 닦아주면 끝이다. 독한 세제는 필요하지 않다.

② 욕실 배수구 악취와 막힘을 방지하는 간결한 배수구 청소

매일 아침 샤워를 하며 꼭 하는 일이 하나 있다. 샤워 후 샤워기를 틀어 떨어진 머리카락을 배수구에 모으고, 다 쓴 칫솔로 머리카락을 모아서 버리는 일이다. 매일 이렇게 머리카락을 치웠는데도 어느 날, 욕실 배수구가 막혔다. 배수구 악취를 제거하고, 배수구 막힘을 방지할 수 있는 간결한 배수구 청소 방법을 소개해보겠다. 배수구 청소는 3일에 한 번 정도 한다.

머리카락을 칫솔로 모아 버린 다음, 칫솔을 이용하여 배수구 덮개를 연다. (날카로우니 손으로 열지 마세요!) 매일 머리카락을 치워도 안쪽에 머리카락이 많이 모여 있을 것이다. 배수구 덮개가 있어도 모든 머리카락이 걸러지는 않는다. 안쪽 머리카락까지 칫솔로 치우고 나면 배수구 안이 심각하게 더럽다는 걸 알 수 있다. 다 쓴 칫솔에 과탄산소다 끓인 물을 묻혀서 거품이 날 정도로 닦아준다. 그리고 샤워기로 깨끗이 닦는다. 배수구 속에 과탄산소다를 뿌린다. 그 후 전기 주전자로 끓인 물을 부어준다. 이렇게 하면 반짝이는 욕실 배수구로 변신한다.

2. 주방 청소

① 싱크대 5분 청소

싱크대는 매일 설거지하며 청소한다. 수세미는 두 개가 필요하다. 하나는 설거지용 수세미이고, 하나는 싱크대 배수구용 수세미이다. 끓인 물을 싱크볼 전체에 살며시 뿌려준다. 뜨거운 기운이 남아 있을 때, 천연 수세미에 설거지 비누를 묻혀 거품을 낸 후 싱크대를 닦아준다.

배수구용 수세미에 설거지 비누를 묻혀 싱크대 배수구를 닦아준다. 설거지 비누가 없다면 주방 세제를 이용하면 된다. 전기 주전자로 물을 끓인 후 약 80도 정도의 뜨거운 물을 배수구와 싱크대에 뿌려준다. 한 달에 한 번, 싱크대 배수구에 과탄산소다를 넣고 80도 정도의 뜨거운 물을 넣어 소독한다.

구연산과 과탄산소다만 있으면 모든 청소가 가능하다.

② 설거지 빨리하는 법

설거지에도 순서가 있다. 프라이팬, 냄비 등 부피가 큰 것은 싱크볼에서 빼서 다른 곳에 두고 나중에 설거지한다. 음식물을 비운 후 기름기가 있는 그릇과 없는 그릇을 구분한다. 기름기가 없는 그릇은 찬물로, 기름기가 있는 그릇은 종이행주로 기름을 닦아낸 후 뜨거운 물로 설거지한다.

③ 설거지 후 그릇 건조 원칙

물기가 마르지 않은 상태로 수납장에 그릇이 들어가면 퀴퀴한 냄새가 날 수 있고, 얼룩이 생길 수 있다. 그래서 그릇을 사선으로 세워 건조한다. 통풍이 잘되고 물기가 잘 마르게 하기 위해서다. 크기가 큰 그릇부터 작은 그릇 순서로 세운다.

깨지기 쉬운 유리 용기는 세우지 않는다. 대신 칼, 가위, 국자 등의 주방 도구는 세워서 말린다. 설거지 건조대에서 1차 건조 후 식탁에서 2차로 건조한다. 설거지 건조대 물 받침대와 도마는 베란다에서 햇볕에 말린다.

④ 전기 포트 물때 제거 방법

전기 포트에는 물에 포함된 탄산칼슘 등의 미네랄 이온이 들러붙어서 물때가 생기기 쉽다. 전기 포트에 물을 반 정도 채우고 구연산 한 숟가락을 넣고 팔팔 끓인다. 끓인 물을 버리고 나면 투명하게 비칠 정도로 깨끗해진다. 잔여물이 남지 않도록 깨끗하게 헹궈준다. 그리고 뚜껑을 열어 잘 말린다. 물때 청소는 일주일에 한 번씩 해주면 좋다.

⑤ 주방 후드 필터 청소

주방 후드 필터는 한 달에 한 번 청소하는 것이 좋다. 후드 필터에 들러붙은 지용성 물질이 요리할 때 떨어질 수 있으므로 청결하게 유지해야 한다.

싱크볼이나 욕조에 뜨거운 물을 받고 과탄산소다를 넣은 다음, 주방 후드 필터를 넣어 불려준다. 다섯 시간 정도 불린 후 못 쓰는 수세미로 깨끗하게 닦는다.

그 후 못 쓰는 칫솔로 꼼꼼하게 닦아주면 작은 찌꺼기까지 말끔하게 없어진다. 마지막으로 샤워기를 틀어 헹군다. 베란다, 발코니에서 햇볕에 말린다.

호블 집인 미니멀 살림법

⑥ 텀블러 소독

2018년 11월, 인도네시아 해안에서 죽은 채 발견된 고래 배 속에서 플라스틱 컵 115개를 비롯해 6kg에 달하는 플라스틱 쓰레기가 쏟아져 나왔다는 기사를 읽고 충격을 받았다. 2020년 그린피스의 보고서에 따르면 2017년 기준으로 한국에서 사용된 플라스틱 컵은 33억 개(4만 5,900t)에 달한다. 이는 플라스틱 컵을 쌓으면 지구에서 달까지 닿을 정도로 방대한 양이다.

카페 이용이 많은 한국에서는 특히 플라스틱 컵 사용량이 많다고 한다. 외출할 때, 카페에 갈 때 텀블러를 챙기는 게 귀찮을 수도 있다. 하지만 우리 아이들이 살아갈 지구를 위해 지금 할 수 있는 가장 쉬운 일이 바로 다회용 용기를 쓰는 일이라고 생각한다.

텀블러 사용만큼 중요한 것이 텀블러 소독이다. 항상 물이나 음료가 들어 있

기 때문에 물때가 생기기 쉽다. 건강을 위해서도 2, 3일에 한 번은 소독이 필수이다. 소독 방법은 끓인 물을 텀블러에 넣고, 구연산을 조금씩 뿌려준다. 세 시간 정도 후에 깨끗이 헹구면 말끔하게 소독된다.

⑦ 가스레인지 청소

싱크대 볼에 배수구 덮개를 덮어 뜨거운 물을 튼다. 가스레인지를 다 분해해서 모두 잠길 정도로 물을 받는다. 거기에 과탄산소다를 적당히(다섯 숟가락) 뿌린다. 물에 불리는 사이, 가스레인지 상판에 과탄산소다를 뿌려준다. 전기포트로 팔팔 끓인 물을 살살 뿌려준다. 이때 화구에 물이 들어가지 않도록 주의한다. 또한 과탄산소다와 끓인 물이 만나면 좋지 않은 물질이 나오기 때문에 창문을 열고 꼭 환기하며 해야 한다. 5분 정도 불린 후 못 쓰는 칫솔로 쓱쓱 닦아준다. 마른행주나 수건으로 물기를 닦는다.

과탄산소다 물에 담가둔 가스레인지 구성품이 이쯤 되면 깨끗해진 것을 눈으로 확인할 수 있다. 알루미늄은 과탄산소다를 만나면 검게 색깔이 변하기 때문에 이 방법을 사용하면 안 된다. 가스레인지 구성품을 물로 깨끗이 헹군 후, 주방 세제나 설거지 비누로 설거지하듯이 닦는다. 다시 물로 헹구고 뽀송뽀송 말린다. 다 마른 후 착착 제자리에 꽂아준다. 가스레인지는 2주에 한 번 청소한다.

⑧ 주방 상부장 청소와 정리

먼저 상부장 속의 그릇을 모두 꺼낸다. 꺼내면서 비울 그릇, 나눠줄 그릇, 판매할 그릇 등으로 분류한다. 아무리 그때그때 정리한다고 해도 바쁘게 생활하다 보면 제자리에 들어가 있지 않은 그릇이 나오기 마련이다. 그래서 주기적으로 청소 및 정리를 해야 한다. 그릇 정리를 잘해두면 요리도 더 즐거워진다. 상부장은 분기별로 한 번 정도 정리하고 청소해주면 좋다.

분무기에 물을 넣고 구연산 한 숟가락을 넣은 후 흔들어 섞는다. 상부장 속부터 칙칙 뿌리고, 깨끗한 마른행주로 쓱쓱 닦는다. 상부장 겉과 문 사이도 깨끗하게 닦는다. 상부장 안을 환기해주기 위해 정리하는 동안 상부장 문을 열어둔다. 환기가 끝난 후에 그릇을 자신의 동선과 사용 빈도에 따라 배치한다. 자주 쓰는 그릇은 낮은 곳에 둔다. 오른손잡이라면 오른쪽에 더 많이 쓰는 그릇을 둔다. 위쪽에는 손님용 대접 그릇이나 자주 사용하지 않는 그릇을 배치한다.

많이 비우고 이 정도의 그릇만 남겼지만 아무런 불편함도 없다.

⑨ 수저 소독

자주 사용하는 수저는 일주일에 한 번은 소독해주는 것이 좋다. 특히 여름철에는 식중독 예방에 효과가 있다. 수저를 큰 볼에 넣고, 끓인 물을 넣는다. 그후 구연산 한 숟가락을 넣어준다. 5분 후, 깨끗한 물로 수저를 꼼꼼히 헹군다.

구연산 소독은 간단한 방법이지만 효과가 좋다.

3. 냉장고 간단하게 유지하기

냉장고는 다양한 식자재가 보관되는 곳인 만큼 악취가 나거나 미생물이 번식하기 쉽다. 매일 사용하는 곳이지만 청소에 소홀하기 쉬운 곳이기도 하다. 간단한 방법으로 적어도 일주일에 한 번 청소를 해보자.

① 청소법

냉장고 속에 있는 반찬통을 포함 모든 식자재를 꺼낸다. 냉장고 속을 분리하고 있는 모든 칸막이와 서랍을 꺼내서 설거지 비누나 주방 세제로 닦아준다. 다 닦은 칸막이와 서랍은 햇볕에 말리거나 깨끗한 수건으로 닦아준다. 냉장고 속은 다음과 같은 방법으로 청소한다. 집에 있는 분무기에 물을 채운다. 구연산 한 숟가락을 넣고 흔들어 섞는다. 분무기가 작으면 한 숟가락이면 충분하고 크면 두 숟가락을 넣어 섞는다. 구연산 수는 음식물 냄새를 잡아주고, 얼룩 제거에 효과적이다.

소주, 식초, 에탄올 등도 효과적이지만 냄새에 예민하다면 구연산을 이용해 청소하는 것을 추천한다. 구연산 수를 칙칙 뿌리고, 깨끗한 마른행주로 쓱쓱 닦아주면 끝이다. 냉장고 칸을 다 꺼내서 하는 청소는 한 달에 한 번 정도 하

냉장실도, 냉동실에도 금방 먹을 것들만 보관한다.

면 되고, 냉장고 속을 구연산 수로 닦아주는 청소는 틈틈이 자주 해주는 것이 좋다. 청소가 끝난 후 꺼냈던 반찬통과 식자재를 다시 냉장고에 넣어준다.

② 식품 냉동실 보관 기간

품목	상세품목	기간
육류	다진 고기	6개월
	구이용 고기	3~4개월
	닭고기	12개월
	가공육(베이컨, 햄)	1~2개월
해산물	절이지 않은 생선	1개월
	절인 생선	12개월
	조개, 오징어 등	12개월
유제품	버터	6~9개월
	아이스크림	2개월
그 외	빵	2~3개월
	쿠키 및 과자	6~8개월
	피자	1~2개월
	만두	3~6개월
	떡	8개월

출처 : 식품의약품안전처

* 냉동 보관을 피해야 하는 식품
얇고 수분이 많은 채소는 냉동 보관을 하면 조직감이 변하기 때문에 냉동실에 보관하면 안 된다. 감자는 푸석해지고 색도 검게 변한다. 또한 커피는 냉동실의 냄새를 흡수해 본연의 맛과 향이 없어지며, 요거트는 성분이 분해되니 냉동실에 보관하지 않는다.

③ 손쉬운 냉장고 정리

냉장고 정리는 냉장고 청소를 할 때 한꺼번에 한다. 반찬통과 식자재를 모두 꺼냈을 때 냉장고 정리를 시작한다.

- 냉장실 정리

간장, 식초, 들기름, 케첩, 마요네즈 같은 양념류를 싱크대 하부장에 많이 보관한다. 하지만 소스류는 냉장실에 보관해야 신선하게 유지할 수 있다. 단, 요리당, 물엿 등은 냉장실에 넣어두면 굳기 때문에 실내 보관한다.

먼저 양념류의 유통기한을 살펴본다. 유통기한이 지난 양념은 과감하게 비우자. 비울 때는 속의 양념을 비우고 깨끗하게 씻어, 병의 라벨까지 떼어낸 후 분리수거한다. 채소나 과일의 상태도 점검한다. 혹시 오래 방치되어 썩었다면 음식물쓰레기로 분리 배출한다.

반찬통은 안이 보이는 투명한 유리 용기를 사용하면 정리가 훨씬 편하다. 나는 12년 동안 유리 용기를 사용하고 있는데 여전히 깨끗하게 잘 쓰고 있다. 플라스틱은 건강에 유해할 뿐만 아니라 내용물이 잘 보이지 않아 불편하다. 유리 용기는 안이 보이기 때문에 내용물을 알아보기 쉽고, 남은 양을 알 수 있어 반찬을 만들 시기도 예측할 수 있다.

- 냉동실은 블랙홀이 아니다

냉장실보다 냉동실 정리를 많은 사람들이 어려워한다. 그 이유는 그 속에 너무 많은 식자재가 있기 때문이다. 나는 냉동실에는 냉동 밥, 생선, 고춧가루,

깨소금, 밀가루, 육수 팩 정도만 넣어둔다. 냉동실을 70% 정도 채우는 것이 전기요금 절약에 좋다고 하지만, 신선하고 맛 좋은 재료로 요리하고 싶다면 애초에 음식이 냉동실에 가지 않는 것이 좋다.

부패를 일으키는 균은 영하 70~80도에서 완전히 생장을 멈춘다. 그렇지만 가정집 냉동실의 온도는 기껏해야 영하 15~20도이다. 때문에 냉동실 안의 균은 죽지 않고 활동만 느려질 뿐이다. 아무리 냉동 보관을 한다고 해도 보관 권장 기한이 지난 식자재를 먹으면 장내 유해균이 늘어 만성 질환에 걸릴 수 있다.

④ 장보기

장을 보기 전에 그날 요리할 메뉴를 정한다. 그 후 냉장고를 열어본다. 냉장고에 재료가 있는지 확인한다. 부족한 재료를 메모한다. 마트에서 할인을 한다고 계획에 없던 것을 사지 말고 딱 메모한 것만 산다. 주 3회 정도 장을 보고, 한 번 구매액은 3만 원을 넘기지 않도록 노력한다. 장은 주로 집 근처 소형 마트나 시장을 이용한다.

⑤ 요리

아이들이 아직 어려서 아이들 위주로 메뉴를 정한다. 보통 일주일 식단을 짜고, 식단에 따라 요리하려고 노력한다. 냉장고 속 재료로 만들 수 있는 요리 레시피를 알려주는 앱 등을 사용하면 편리하다.

예를 들어 냉장고에 양파, 감자, 당근이 있다면 감자조림, 감자볶음, 감자전,

카레 등을 만들 수 있다. 오늘의 메뉴를 카레로 정했다면 돼지고기와 카레가 필요하다. 이제 부족한 두 가지 재료를 집 근처 소형 마트에서 구매한다. 요리를 잘하는 편은 아니지만 하루 세끼를 충실히 챙기기 위해, 그리고 낭비되는 재료를 막기 위해 노력하고 있다.

4. 세탁

① 누런 옷 하얗게 만들기

빨래를 삶는 큰 냄비에 물을 팔팔 끓인 후, 누렇게 변한 옷을 넣고 과탄산소다를 넣는다. 팔팔 끓인 후, 불을 끄고 오랫동안 담가둔다. 최소 반나절 정도 담가두는 것이 좋다. 그 후 세탁기에 세탁 세제를 넣고 돌리면 놀랄 만큼 새하얘진다.

② 베개 솜 세탁

베게 솜을 세탁할 수 있다는 걸 몰라서 한동안 땀 냄새가 나는 상태로 사용했다. 잘못 세탁해서 버리게 되는 건 아닌가 싶어서 엄두가 안 나기도 했다. 하지만 베게 솜도 손쉽게 세탁할 수 있으니 3개월에 한 번은 세탁하기를 추천한다.

옷핀과 노끈(다이소 1,000원) 또는 운동화 끈을 준비한다. 혹시나 세탁 중에 지퍼가 열려 솜이 빠져나오지 않도록 옷핀으로 지퍼 부분을 채운다. 옷핀을 지퍼에 있는 구멍에 끼우고 원단을 한꺼번에 집어서 채워야 한다. 그런 다음 노끈이나 운동화 끈으로 베개 가운데 부분의 긴 부분부터 꽉 묶어준다. 그리고 짧은 부분의 오른쪽, 왼쪽도 꽉 묶어준다. 긴 부분부터 묶어주지 않으면 탈수 과정에서 솜이 한쪽으로 쏠려서 울퉁불퉁해진다. 시중에 나와 있는 베개 솜 전용 세탁 망을 사용해도 좋다.

끈으로 묶은 베개를 세탁기에 넣는다. 베개는 꼭 두 개를 함께 넣는다. 그래야 세탁기 균형이 맞아 제대로 작동이 된다. 과탄산소다와 끓인 물을 섞어 세탁기에 넣고 세탁 세제도 넣는다. 마지막 헹굼 단계에서 EM 원액을 넣어준다. 땀 냄새와 퀴퀴한 냄새를 잡아준다. 집에 두꺼운 수건이 있으면 빨래 건조대에 올린다. 그 위에 탈수가 끝난 베개 솜의 노끈을 풀어준 후, 수건 위에 올려 건조하면 된다. 의류 건조기가 있다면 사용해도 좋다.

5. 방충망 청소

따뜻한 물을 가져다 놓은 후 안 신는 양말을 두 손에 낀다. 방충망을 걸레질하듯, 물을 묻혀가며 양손으로 부드럽게 닦는다. 물을 골고루 묻혔다면 이번에는 물에 비눗물을 풀어서 양손에 묻힌 다음 방충망을 부드럽게 닦아준다. 다시 깨끗한 물을 받아 와서 다른 양말로 방충망을 다시 부드럽게 닦는다.

6. 티브이, 노트북 모니터, 핸드폰 액정 청소

쌀뜨물을 준비한다. 극세사 걸레에 물을 살짝 묻혀 티브이 모니터를 싹싹 닦는다. 먼지를 먼저 제거해준다. 그다음에 쌀뜨물을 살짝 묻혀 꼼꼼하게 닦아준다. 물이 많으면 모니터에 흘러내리므로 주의한다. 쌀뜨물을 쓰는 이유는 그냥 물로 닦으면 얼룩이 남지만 쌀뜨물로 닦으면 얼룩이 생기지 않기 때문이다. 노트북 모니터, 핸드폰 액정도 같은 방법으로 닦는다.

"

"오늘 자신만의 청소 루틴을 만들어보면 어떨까?

온종일 집안일에 매여 있지 말고

미니멀한 청소 루틴으로 간단하게 집안일을 끝내보자.

그러고 나면 온전히 당신을 위한 시간이 분명히 생길 것이다."

"

시작은 미니멀,
나아가 제로 웨이스트

시작은 한 편의 다큐멘터리 때문이었다. 자기 새끼에게 플라스틱을 먹이는 앨버트로스. 바다 표면에 떠다니는 플라스틱을 먹이로 잘못 알고 물어와 새끼에게 먹이는 장면이 나왔다. 배 안이 쓰레기로 가득 찬 새를 보니 저절로 눈물이 났다. 날 수 있는 새 중에서 가장 크다는 앨버트로스가 멸종 위기에 있다니 너무 안타까웠다. 그것도 인간의 무분별한 행동 때문에 말이다.

미니멀 라이프를 실천하는 동안 자연스레 제로 웨이스트^{Zero Waste}에도 관심이 생겼다. 제로 웨이스트란 포장을 줄이거나 재활용할 수 있는 재료를 사용해서 가능한 한 쓰레기를 줄이려는 세계적인 움직임이다. 사실 제로 웨이스트는 이제 선택이 아니라 필수다. 그동안 우리는 아무런 대가도 지불하지 않고 자연을 이용하고만 살았다. 그것도 모자라 자연을 훼손

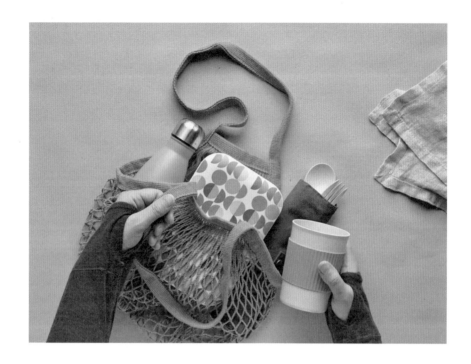

하고 파괴했다.

영국의 문화평론가 존 러스킨*John Ruskin*은 "자연은 우리를 위해 그림을 그립니다. 매일 무한한 아름다움을 담은 작품을"이라고 말했다. 우리 아이들이 아름다운 자연을 누릴 수 있으려면 지금 당장 실천이 필요하다.

미니멀 라이프 이후 사지 않는 물건

① 일회용 생리대

둘째를 출산할 즈음 생리대 파문이 일었다. 생리대에서 발암물질과 유해성분이 검출되었다고 했다. 늘 쓰는 물건이고 여린 피부에 직접 닿는 물품임에도 생리대를 어떻게 만드는지, 어떤 성분이 쓰이는지 전혀 알지 못했다. 알아볼 생각도 없었다. 생리대 파문 이후, 내 몸에도 좋고 환경에도 좋은 생리대를 사용해야겠다는 생각이 강하게 들었다.

나의 첫 선택은 면 생리대였다. 하지만 세탁이 번거롭고 어려웠다. 그래서 찾은 두 번째 대안이 바로 생리컵이다. 다행히도 잘 맞는 생리컵을 만나서 지금까지 잘 사용하고 있다. 생리컵은 자리에서 일어날 때 왈칵 쏟아지는 느낌이 없어서 좋다. 또 뜨거운 물에 열탕 소독만 하면 되니 쓰레기도 나오지 않는다. 매달 많은 양의 생리대를 버리면서 죄책감을 느꼈는데 그 쓰레기가 완전히 사라진 것이다. 보통 40년 동안 생리를 한다는데 그렇다면 줄일 수 있는 쓰레기의 양은 무시 못 할 수준이다. 매달 생리대를 사지 않아도 되니 경제적으로 절약이 되는 것은 덤이다.

② 일회용 랩, 일회용 장갑

일회용 랩과 일회용 장갑을 사용하지 않는다. 지퍼백도 사지 않는다. 쓸 일이 있으면 약국에서 약을 살 때 생긴 것이나 택배에서 나온 것을 이용한다. 랩은 일회용이 아니라 다회용을 사용한다. 채소나 과일이 조금 남았을 때 사용하고 있다.

③ 플라스틱 용기

플라스틱 용기에서 우리 몸에 좋지 않은 호르몬이 나온다고 한다. 썩는 데도 500년 이상이 걸린다고 한다. 냉동 밥 플라스틱 용기를 유리 용기로 바꿨는데 정말 좋다. 보통 유리는 냉동실 온도를 견디지 못하는데 요즘에는 내열·내냉 테스트를 거친 안전한 용기가 많이 나온다. 냉동실에서 꺼내 용기 그대로 전자레인지에 돌려도 환경 호르몬 걱정이 없다. 그 용기 그대로 바로 먹으면 되니 설거짓거리도 줄어든다.

④ 샴푸, 린스, 보디 워시, 폼 클렌징

우리 집 욕실에는 플라스틱 통이 단 한 개도 없다. 샴푸, 린스, 보디 워시를 하나도 사용하지 않기 때문이다. 다른 것 없이 물로만 샤워를 하고 샴푸 비누를 사용한다. 샴푸 비누를 쓴 후 머리카락이 적게 빠지고 린스를 하지 않아도 머릿결이 부드럽다. 계면활성제가 들어 있지 않고 친환경적인 것도 마음에 든다.

세안도 폼 클렌징 대신 비누로 한다. 거품도 잘 나고, 선크림, 비비크림 정도는 깨끗이 지워진다. 세안 후 산뜻한 느낌이 좋다.

⑤ 플라스틱 칫솔

플라스틱 칫솔 대신 대나무 칫솔로 바꾸었다. 처음에는 솔이 뻑뻑해서 힘들었는데 내게 잘 맞는 미세 솔을 찾았다. 아이들도 부담 없이 대나무 칫솔을 사용하고 있다. 작은 변화라고 해도 점점 많은 사람들이 이렇게 칫솔을 바꿔나가면 결국 큰 변화가 일어날 것이라고 생각한다.

대나무 칫솔은 생산부터 사용, 폐기까지 자연에 무해하다.

⑦ 주방 세제, 아크릴 수세미

세제가 남을 우려가 있는 주방 세제, 미세 플라스틱이 나온다는 아크릴 수세미는 사용하지 않는다. 그 대신 설거지 비누와 천연 수세미를 사

천연 수세미는 기름기도 잘 제거되고 미세 플라스틱도 나오지 않아서 늘 애용한다.

용하고 있다. 천연 수세미는 물에 적셔주면 부드러워진다. 기름때도 뜨거운 물을 사용하면 잘 지워진다. 쓰레기도 생기지 않고 자연으로 돌아가니 참 좋다.

⑧ 스킨, 수분 크림

예전에는 스킨, 로션, 수분 크림을 사용했는데 종류별로 기능은 큰 차이가 없다고 한다. 그래서 이제는 아이들과 유아 로션을 함께 사용하고 있다. 그 위에 선크림을 바른다. 피부를 지키는 데 이 정도면 충분하다. 화장품을 줄인 후 피부가 더 깨끗해지고 가벼워졌다.

화장품에도 미니멀이 필요하다.

⑨ 액체 세탁 세제, 섬유 유연제

플라스틱 통에 든 액체 세제 대신 폼형 세제를 사용하고 있다. 여기엔 화학물질이 액체 세제보다 덜 들어 있다. 섬유 유연제 대신 구연산을 사용한다. 구연산 수를 마지막 헹굼 단계에 넣어주면 냄새도 나지 않고 좋다.

⑩ 비닐봉지, 일회용 컵

비닐봉지를 완전히 쓰지 않을 수 없지만 장을 보러 갈 때는 배낭이나 에코백을 사용한다. 그리고 텀블러에 물을 담아 외출한다. 목이 마를 때 플라스틱에 담긴 생수를 사 먹지 않기 위함이다. 또한 카페에서도 집에서 챙겨 가지고 간 텀블러를 사용한다.

제로 웨이스트를 위한 작은 실천

쓰레기가 많이 나오거나 환경을 오염시키는 제품을 덜 사는 것 못지않게 제로 웨이스트에서 중요한 것이 있다. 바로 제대로 잘 버리고 비우는 것이다. 조금 귀찮아도 작은 실천으로 지구를 지킬 수 있다고 생각하면 큰일도 아니다. 잘 비우고 잘 버리는 노하우를 정리했다.

① 아이스팩

인터넷 쇼핑몰에서 식품을 사면 아이스팩이 따라온다. 아이스팩을 비우는 가장 쉬운 방법은 그대로 프레시백에 넣어 돌려보내는 것이다. 정육점이나 횟집 등 아이스팩을 많이 사용하는 곳에 갖다 드려도 좋다.

② 옷걸이

쓰지 않는 옷걸이는 동네 세탁소에 문의한 후 가져다드린다.

③ 유통기한 지난 약

폐의약품이 매립되거나 하수구로 버려지면 항생물질과 같은 약 성분이 토양이나 지하수, 하천에 유입돼 환경오염을 일으킨다. 뿐만 아니라 슈퍼박테리아 등 내성균을 확산시켜 우리 건강을 위협할 수 있다.

그렇기 때문에 유통기한이 지난 약은 가까운 보건소의 폐의약품 수거함이나 근처 약국에 배출해야 한다. 과거에는 약국에서 받아서 처리하는 경우가 많았는데, 우리 동네 약국은 더 이상 받지 않는다. 지역마다 다르니 미리 약국에 전화해보는 것이 좋다.

모든 약은 포장지를 제거하고 약만 모아서 폐의약품 전용 수거함에 배출해야 한다. 조제약은 개인 정보가 있는 약 봉투와 비닐 포장지는 일반 쓰레기로 버리고 남은 알약만 모은다. 하나씩 개별 포장된 알약은 케이스를 분리하고 알약만 따로 배출한다.

물약이나 시럽 등 액체류는 병에 모을 수 있을 만큼 최대한 모아서 새지 않게 밀봉한 후 처리한다. 가루약은 가루약끼리 한곳에 모으고, 캡슐 안에 가루가 든 형태의 알약도 가루만 빼내 모은다. 연고, 안약, 코 스프레이, 천식 흡인제처럼 특수 용기에 보관된 약은 무리하게 내용물을 분리하기보다 그대로 전용 수거함에 버린다

④ 안 쓰는 책가방

요새는 어떤 물건이든 해지거나 못 쓰게 되어 버리는 경우는 거의 없다. 자신에게 쓸모를 다했거나 질려서 안 쓰고 못 쓰는 물건이 더 많다. 특히나 유치원 가방 등 책가방은 아이가 자라면서 자연스레 바꿔줘야 해서 멀쩡해도 버리는 대표적인 품목이다.

'반갑다 친구야'라는 비영리 민간단체가 있다. 이 단체는 2012년 9월부터 아이들이 쓰던 가방을 모아 지구촌 친구들에게 선물한다. 이 단체에 가방을 보내면 쓰레기를 줄일 수 있을 뿐 아니라 꼭 필요한 사람에게 전달된다. 이보다 더 좋을 수가 없다. 쓰던 가방을 깨끗하게 세탁해서 선불 택배로 보내면

된다. 어린이집 가방, 유치원 가방, 학원 가방, 크로스백, 실내화 가방, 어른

배낭형 가방 그리고 새 학용품을 기부할 수 있다. 단, 옷이나 신발은 전달하

기가 쉽지 않아 받지 않는다.

여러분의 잠자는 가방이
이 아이들을 웃게 합니다.

주소 : 경북 영덕군 영덕읍 강변길 186 (남석2리 39-12) '반갑다 친구야'
문의 : 010-8955-9335, 010-4513-5379
홈페이지 : www.hifriends.co.kr
이메일 : hifriends7979@gmail.com

⑤ 아이들 장난감

우리 집에는 아이들 장난감 개수에 상한선이 있다. 그걸 넘게 되면 아이들과

함께 정리 놀이를 한다. 이제는 가지고 놀지 않는 장난감이나 고장 난 장난

감은 정리해서 사회적 기업 '코끼리 공장'에 기부한다. '코끼리 공장'은 장난

감이 고장이 나도 수리를 해줄 곳이 없다는 사회문제를 해결하고자 출발한

회사로, '장난감 수리단'이라는 자원봉사자들과 함께한다.

나무 장난감, 대형 인형, 미끄럼틀, 탈것 장난감, 보행기 및 아동 물품, 작동되

는 인형, 건전지가 들어간 인형은 기부할 수 없다. 이를 제외하면 사용하지

않는 장난감, 파손된 장난감, 고장 난 장난감 모두 기부할 수 있다.

⑥ 옷

- 옷캔

한글 '옷'과 영어 'can'을 합쳐 만든 환경 NGO 단체이다. '옷으로도 좋은 일을 할 수 있다'는 뜻이 단체명에 담겨 있다. 옷을 기부하면 필요한 곳에 나눔을 실천한다. 재사용이 불가능한 의류도 직접 소재를 분리하거나 실을 뽑아 내 자원으로 재활용한다는 것이 특징이다.

사계절·남녀노소 모든 의류(신생아 포함), 모자, 가방, 신발, 벨트, 속옷 등 의복 관련 품목, 솜·충전재가 없는 얇은 이불, 담요, 수건, 인형 등을 기부할 수 있다. 반면 찢어짐, 오염이 심하거나 훼손된 의류, 한복, 인라인스케이트, 장화, 슬리퍼, 유치원·어린이집 가방, 도서, 장난감, 학용품, 기타 생활 잡화 등은 기부가 불가능하다.

- 아동복지시설(성애원)

아이들 옷 중에서 깨끗하고, 예쁜 옷은 보육원 등 아동복지시설에 기부하면

좋다. 나는 주로 '성애원'에 기부하고 있다.

주소 : 경기도 이천시 구만리로 314 〈성애원〉
전화 : 031-635-6203

- 아름다운 가게

기부한 물품으로 국내외 소외 이웃을 돕는 단체로 우리에게 가장 익숙한 단

체다. 기부 물품을 전국 아름다운 가게 매장에서 판매하며 그 수익금을 소외

이웃을 돕고 환경을 보호하는 데 사용한다.

방문 수거 요청, 택배, 직접 방문하기 등 세 가지 방법으로 기부할 수 있다.

깨끗한 의류, 생활 주방 잡화, 패션 잡화, 아동 잡화, 가전, 디지털 기기, 도서,

음반 등을 기부할 수 있다. 자세한 내용은 홈페이지를 참조!

전화: 1577-1113
홈페이지 : www.beautifulstore.org

⑦ 애플리케이션 내 손안의 분리배출

제대로 분리해서 배출하고 싶어도 어느 곳에 버려야 할지 헷갈릴 때가 많다.

무엇을 어떻게 버려야 할지 잘 모를 때는 애플리케이션 '내 손안의 분리배출'

을 활용해보기 바란다. 누구나 손쉽게 실천할 수 있도록 올바른 분리배출 방법을 알려주는 앱이다.

작은 미덕, 나아가 제로 웨이스트

미니멀 라이프의 선물

\- 깨끗한 집, 꿈을 위한 시간과 에너지,
  비교로부터 자유

깨끗한 집에 깨끗한 정신이 깃든다

시인과 촌장의 〈풍경〉이라는 노래가 있다.

세상 풍경 중에서 제일 아름다운 풍경
모든 것들이 제자리로 돌아가는 풍경
세상 풍경 중에서 제일 아름다운 풍경
모든 것들이 제자리로 돌아오는 풍경

서정적인 멜로디에 담백한 노랫말이 인상적인 옛노래다. 미니멀 라
이프를 실천하면서 나의 주변도 이 노래처럼 간결해지기를 바랐다. 그리

고 그것이 가장 아름다운 풍경이자, 모든 것이 제자리를 찾아가는 것이라고 생각한다. 있어야 할 것만 있고 그것들이 모두 제자리에 있는 풍경.

나의 공간을 아름다운 풍경으로 만들어가면 자연스레 물건이 적어진다. 물건이 적어지면 단순히 눈길이 머무는 곳이 아름다워지는 데 그치지 않는다. 꼭 필요하지도 않은 물건을 정리하느라 시간을 낭비하지 않아도 되고, 주변 풍경에 발맞춰 정신까지 여유롭고 아름다워진다.

과거에 집착하거나 미래를 불안해하지 않고 현재에 집중할 수 있다는 것도 또 하나의 장점이다. 내게 필요한 것만 '제자리'에 있기만 해도 지금 해야 할 일에 집중할 수 있는 환경이 조성된다.

컴퓨터나 휴대폰 바탕화면만 생각해봐도 쉽게 알 수 있다. 쓰지도 않는 아이콘들로 바탕화면이 어지러우면 산만해지고 현재에 집중할 수 없다. 아름다운 풍경은 모두 심플하다.

꿈을 위한 시간 :
스마트폰과 의도적으로 멀어지기

오랫동안 핸드폰으로 블로그에 글을 썼다. 갑자기 '내가 얼마나 많은 시간을 스마트폰을 하며 보낼까?' 하는 궁금증이 들었다. 스마트폰 자체는 문제가 없다. 그걸 사용하는 내가 문제이다. 스마트폰의 중독성? 누구나 다 아는 이야기다. 스마트폰 하나면 심심할 겨를이 없고 시간도 잘 간다. 그런데 이게 참 위험하다. 인터넷 기사를 예로 들면 필요한 정보만 취하면 될 일인데 꼬리에 꼬리를 물고 내가 원하지도 않는 기사를 보고 또

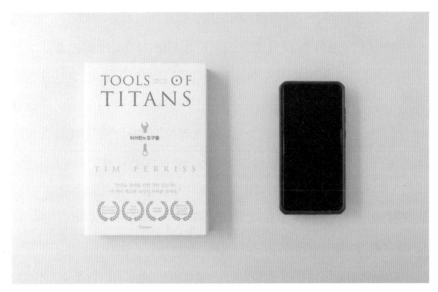

스마트폰보다 책과 함께하는 시간이 더 좋다.

보게 된다. 스마트폰을 내려놓으면 바로 휘발될 정보라 정작 뭘 봤는지 기억조차 나지 않는데 말이다. 나는 스마트폰을 보며 너무 많은 시간을 무의미하게 흘려보내고 있었다.

그것을 깨달은 후부터 스마트폰과 의도적으로 조금씩 멀어지기로 했다. 내 나름대로의 스마트폰 미니멀리즘이다. 가장 먼저 카톡, 카페, 밴드의 알람을 껐다. 사실 알람을 끈 지는 꽤 오래되었다. 내 의지와 상관없이 자꾸 울려대는 소리가 일상을 방해할 정도였기 때문이다. 이제 소리뿐 아니라 내용도 뜨지 않도록 설정했다. 필요할 때 들어가서 확인해도 늦지 않으니 말이다. 다른 요인이 내 시간을 통제하는 것이 싫다면 의도적으로 거리를 두는 것도 방법이다.

스마트폰을 보는 시간이 길어질수록 마음이 조급해지고 예민해졌다. 지극히 개인적인 사례지만, 스마트폰을 오래 할수록 몸과 마음이 편안하지 않았다. 실제로 초등학교, 어린이집에 아이를 데리러 가기 전 오전에 스마트폰을 필요 이상 보며 시간을 보낸 날은 여느 날보다 훨씬 더 피곤하고 지쳤다. 그래서 오전 시간에는 스마트폰 자체를 아예 멀리 두고 오디오 기능으로 사용한다. 음악을 듣거나 팟캐스트를 듣는 용도로 말이다.

　시간만큼은 누구보다 나도 부자다. 그래서 내게 주어진 시간을 촘촘히 성실하게 사용하고 싶다. 버락 오바마는 대통령 재임 기간 동안 매일 한 시간은 꼭 독서를 했다고 한다. 충격이었다. 세계에서 가장 바쁜 사람 중 한 사람이 하루 중 한 시간을 독서에 할애할 수 있다면 나라고 못 할 이유가 있을까? 스마트폰과 멀어진 후 생긴 시간을 독서 시간으로 돌렸다. 쓸데없는 것에 시간을 빼앗기는 대신 내게 꼭 필요한 활동으로 시간을 알차게 채워가는 것. 미니멀 라이프의 또 다른 실천법이다. 오늘도 블로그 글쓰기를 한 이후에는 스마트폰을 저 멀리 둘 생각이다.

예능 프로그램을 보지 않는 진짜 이유

　예능 프로그램은 티브이 프로그램 중에서도 단연 화제성이 높다. 특히 요즘 유행하는 리얼리티 프로그램은 방송이 나가면 다음 날 자잘하고 사소한 이야기가 기사로 또 다루어진다. 누가 어디에 살고 무엇을 먹고 무엇을 입었는지 시시콜콜한 이야기가 인터넷 기사를 가득 채운다.

　호기심에 한두 번 리얼리티 프로그램을 보긴 했지만 그 이상은 보지 않았다. 아니, 볼 수가 없었다. 내 취향이 아니었기 때문이다. 내가 좋아하고 존경하는 연예인들은 예능에 잘 나오지도 않는다. 다음 드라마, 영화, 앨범으로 나를 찾아온다. 그들의 소식이 너무나 궁금하지만 그들을 만나려면 기다림의 시간이 필요하다.

아무리 리얼리티를 전면에 내세운다고 해도 예능이 완벽한 현실일 수 없다. 방송국에서 일하던 시절, 화면 뒤에서 어떤 일이 일어나는지 목격했었다. 대본에는 표정 하나, 웃음 하나까지 자세히 적혀 있었다. 예능은 다큐멘터리가 아니다. 그걸 알고 나니 더 진정성이 느껴지지 않는다. 내가 좋아하는 연예인도 나오지도 않고 정서적으로 얻는 것도 없으니 볼 이유가 없다.

스타들의 삶은 내 이상향이 아니기에 주눅들 이유도 초라하게 느낄 이유도 없다. 내가 경쟁해야 할 대상은 나 자신이다. 어제보다 단 한 발짝이라도 앞으로 나아가고 싶다. 보여주기식 프로그램보다 자신의 분야에서 묵묵히 최선을 다해 내실을 키우는 연예인을 좋아하는 이유도 그래서이다. 좋아하는 배우가 신작에서 진일보한 연기를 보여주면 그것만 한 힐링이 없다. 대중에게 보이지 않는 시간에도 노력하는 그들의 모습을 존경하고 사랑한다. 그들처럼 나 또한 나를 더 깊게 이해하고 부족한 나를 성장시키고 싶다. 내게는 그것이 예능 프로그램보다 더 즐겁다. 비주류인 이런 내가 좋다.

꿈을 위한 에너지

완벽할 수 없는데 완벽해지려고 하니 힘들었다. 어린 시절 모든 것을 잘하고만 싶었다. 공부, 체육, 미술… 모든 과목을 말이다. 꼭 성적 때문은 아니었다. 학교가 좋았다. 학교에서 배우는 모든 것이 좋았다.

우리에게는 각자 다른 재능이 있다. 내게는 음악, 미술, 가사 등의 달란트가 없었다. 선생님이 바느질을 가르쳐주시면 다른 아이들은 금방 따라 했는데 나는 잘 못했다. 속도도 느리고 잘 이해하지도 못했다. 그것이 늘 스트레스였다. '난 왜 이렇게 손재주가 없을까?' 잘하고 싶으니 더욱더 스트레스를 받았다. 잘하라고 누구도 내게 강요하지도 않았는데 말이다. 그때의 나를 다시 만날 수 있다면 꼭 완벽하지 않아도 충분하다고 말해주고 싶다. 완벽의 굴레를 벗어나면 더 자유롭게 하고 싶은 것을 즐길 수 있다는 것을 그때는 알지 못했다.

완벽주의, 모든 것을 다 잘해야 한다는 욕심을 내려놓은 것은 첫째를 임신하고 출산하면서부터였다. 몸이 둔해지면서 예민하고 까다로운 머리와 마음도 둥그레졌다. 그런데 아이러니하게도 그게 참 좋았다. 자신을 다그치고 볶아댈 정도로 철두철미함을 추구하며 살았는데, 임신을 하고 신경이 느슨해지니 모든 것을 천천히 해도 괜찮았다. 여유가 생기니 타인의 실수에도 관대해졌다. 나는 약속 시간을 반드시 지키려고 아등바등하는 성격이라서 늦게 오는 친구를 이해하지 못했다. 하지만 이제는 그럴 수 있는 사정이 있다고 생각할 만큼 여유가 생겼다.

요즘의 나는 나에게는 철저하되 타인에게는 관대한 사람이 되자는 또 다른 목표가 생겼다. 물론 내 정신 건강을 해칠 정도의 완벽주의는 내려놓을 것이다.

중요한 곳에만 에너지를 쓰면 지치지 않는다. 미니멀 라이프는 내게 모든 일을 잘하려는 욕심을 내려놓고 중요한 일에만 에너지를 집중하라고 말해주었다. 그 말을 따르니 늘 분주하던 삶이 여유로워졌다. 성과도 좋아졌다. 이것저것 하지 않으니 체력이 소진되지도 않았다. 건강하고 여유 있게, 삶을 제대로 즐기는 방법을 배워나가고 있다. 미니멀 라이프와 함께 작은 목표 하나하나를 이루어가는 삶을 살고 싶다. 완벽하지 않아도, 남들이 부러워할 만큼의 커다란 성과가 아니어도 내게는 충분하다.

비교로부터의 자유 :
열등감의 늪에서 빠져나오는 방법

큰 집에 살고 명품백을 들고 좋은 차를 타고 다니는 사람을 봐도 시기심이나 열등감이 생기지 않는다. 사람마다 중요하다고 여기는 가치가 다르기 때문일 것이다. 그런 나지만 내가 부러워하는 사람들, 자꾸만 비교를 하게 되는 사람들이 있다. 바로 자유롭게 여행을 다니는 분들이다. 경제적 어려움 없이 자유롭게 여행하는 모습을 보면 부정적인 감정이 생기기도 했다. 시기, 질투를 넘어서 나 자신이 초라하게 느껴지기도 했다. 절약이 몸에 밴 나지만 '경험 소비'에서만큼은 자유로워지고 싶었다.

5년에 한 번은 해외여행을 가고 싶었다. 이 목표를 결혼 전부터 세워두고 있었다. 그리고 결혼 6년 만에 세부로 가족 여행을 떠났다. 가슴에 행복이 차올랐다. 하지만 그 이후 결혼 11주년인 지금까지 해외여행을 못 가고 있다.

그렇다고 여행을 가지 못하는 내 상황을 한탄하고 남이 가진 것을

부러워하기만 할 수는 없었다. 열등감이라는 부정적인 감정을 내 안에 키우고 싶지 않았다. 내가 찾은 해법은 그들과 나를 비교하지 않고 마음 수련하기이다. 그리고 질투심이 생기는 여행 관련 파워 블로그에는 당분간 방문하지 않으려고 한다. 여행을 간접 경험하고 정보를 얻는 것은 좋은데, 보면서 내 감정을 조절할 수 없었기 때문이다. '나는 이렇게 아껴 쓰는데 왜 원하는 여행도 못 가는 걸까?' 하는 울적함이 생겼다. 이런 부정적인 감정이 든다면 그 블로그를 방문하지 않는 것이 맞다고 생각한다. 그리고 이 방법은 정말 효과가 있었다.

더불어서 네이버 메뉴판에서 연애, 스포츠 판을 아예 지웠다. 필요 이상의 가십을 접하지 않기 위해서다. 그 기사들을 보지 않으니 정말 많은 시간을 아낄 수 있었다. 시간뿐 아니라 감정의 소모도 줄어드니 일거양득이었다.

　해외여행 가는 사람을 부러워할 시간에 매달 여행 적금을 들고, 매일 영어 공부를 하고 있다. 당장은 이룰 수 없는 꿈이라 해도 이렇게 준비를 해두면 상황이 허락할 때 망설임 없이 떠날 수 있을 테니까. 그때가 생각보다 빨리 와주기를 바라며 오늘도 영어 공부를 멈추지 않는다.

"

중요한 곳에만 에너지를 쓰면 지치지 않는다.

미니멀 라이프는

내게 모든 일을 잘하려는

욕심을 내려놓으라 말한다.

"

2-2
소비에도 미니멀의 원칙이 있다

나의 신혼집,
10평대 아파트

교제한 지 3년 3개월, 2011년 4월에 남편과 결혼했다. 그리고 어느덧 시간이 흘러 올해 결혼 12년 차 주부가 되었다. 결혼 당시, 우리는 부모님 도움 없이 살림을 시작했다. 내가 모은 3,000만 원과 남편이 모은 3,000만 원을 합쳐 6,000만 원으로 신혼살림을 시작했다. 그 돈으로 전세 아파트도 구하고, 신혼여행을 비롯한 모든 결혼 비용도 충당해야 했다.

가장 먼저 우선순위를 정했다. 1순위는 물론 전세 아파트였다. 2순위는 신혼여행. 나머지 항목은 필요에 따라 하나씩 지워나갔다. 첫째로 양가 부모님 허락 아래 예단과 예물을 생략했다. 한복은 친구에게 빌렸고, 그릇 세트는 사지 않고 친정에서 쓰지 않는 그릇으로 대신했다. 또한 결혼식장은 남편 회사와 연계된 곳으로 결정해 식장 대여료가 들지 않았다.

9박 10일 스페인 신혼여행에는 400만 원이 들었다. 6개월 전에 비행기와 호텔을 예약했기에 비용이 저렴했다. 또한 패키지가 아닌 자유여행으로 직접 여행을 계획한 덕분이기도 했다.

가전, 가구, 침대에는 500만 원이 들었다. 가전은 생활하는 데 꼭 필요한 것만 샀다. 가구는 도매 가구단지에서 싸게 살 수 있었다. 내 것과 남편 것을 합해서 반지에는 40만 원이 들었다. 종로 귀금속 도매상가를 돌아다니며 평소에도 할 수 있는 부담 없고 예쁜 디자인으로 골랐다.

결혼 12년 차인 지금 돌이켜 생각해봐도, 결혼 비용을 최소화한 것은 합리적인 선택이었다. 남들에게 보여주기 위한 결혼식이 아니었다. 우리는 미래를 위해 집에 가장 많은 투자를 했다.

비용 면에서는 신혼집을 최우선으로 고려했지만, 막상 집을 구하려니 다른 준비보다 시간이 오래 걸렸다. 한겨울에 오래된 아파트, 빌라, 다세대 주택 등 정말 많은 곳을 보러 다녔다. 2011년 당시에는 서울에 전세가 1억 미만인 아파트 단지가 있었다. 남편의 직장이 가까웠고 지하철도 가까웠다. 그래서 생전 가보지도 않은 새로운 동네에 집을 얻었다.

4,500만 원으로는 집을 구하기 힘들어 나라의 도움을 받았다. 신혼부부를 위한 디딤돌 전세자금 대출 말이다. 4,000만 원을 대출 받아 8,500만 원에 서울 소재 10평대 전세 아파트를 구했다. 오래된 아파트지만 수리가 잘 되어 있어서 도배, 장판도 하지 않고 들어갈 수 있었다. 붙박이장까지 있어 옷장도 사지 않았다.

첫 내 집 마련의 꿈

전세는 다른 나라에서는 찾아보기 어려운 거주 형태다. 요즘에는 전세 제도가 위험하다는 이야기도 많이 나오고, 월세살이를 선호하는 흐름도 생기고 있다. 하지만 '내 집' 없는 사람들에게 목돈을 만들 시간을 벌어준다는 전세의 장점은 변함이 없다.

결혼한 지 2년 후, 전세 만기가 다가왔다. 그때도 지금처럼 전세금이 몇천만 원씩 올랐는데 다행히 우리는 전세금 인상 없이 2년을 연장 계약했다. 4년간 주어진 전세 기간을 허투루 보낼 수 없었다. 아직 아이가 없을 때 돈을 모아야 한다는 지인들의 말도 단단히 마음에 새겼다. 그때 우리의 자산은 전세금으로 넣었던 4,500만 원이 전부였다. 자산을 늘리려면 전세를 사는 동안 열심히 대출을 갚아야 했다.

설날, 추석 보너스가 나오거나 성과급, 연말정산 환급금처럼 월급 이외의 돈이 나오면 무조건 대출을 갚았다. 남들처럼 해외여행을 가거나 갖고 싶은 물건을 사고 싶기도 했다. 하지만 더 큰 목표를 위해 작은 욕구를 참았다. 그렇다고 무조건 막무가내로 소비 욕구를 억누른 건 아니다. 좋아하는 요가원을 1년 넘게 다니면서 마음대로 소비하지 못하는 스트레스를 해소했다.

그렇게 알뜰히 4년을 보내면서 전세자금 대출 대부분을 갚을 수 있었다. 전세살이를 하는 동안 번 시간으로 우리는 서울 소재 10평대 아파트를 우리 힘으로 매매할 수 있었다. 돈 없이 시작해도 결혼 비용을 최소화하고 절약과 저축만 잘하면 충분히 내 집 마련에 성공할 수 있다. 내가 바로 그 증거이니 말이다.

빚은 무조건 빨리 없애기

잠시, 남편과의 연애 시절로 돌아가보자. 남자친구였던 남편과 교제한 지 얼마 되지 않았을 때, 그에게 회사 대출이 있다는 사실을 알게 되었다. 대출금? 빚…? 처음에는 조금 당황스러웠다. 하지만 어떻게든 그 빚을 빨리 갚아야겠다는 생각이 들었다. 나는 그의 월급을 철저히 분석해서 회사 대출 갚기 프로젝트를 실현해나갔다. 지금도 난 우리 집 재무 담당자이지만, 결혼 전에도 남편의 재무를 관리했다. 그가 월급명세서를 보내주면 얼마씩 대출을 갚아야 하는지 조언했다.

언제나 돈이 안 드는 데이트를 하려고 노력했다. 그와 오래 시간을 보내고 싶었지만 뭔가를 하려면 다 돈이 필요했다. 집 밖을 나서는 순간 뭘 하든 돈이 든다는 걸 다들 알리라. 그래서 유부초밥, 김밥, 김치볶음밥, 샌드위치 등 메뉴를 바꿔가며 데이트 도시락을 쌌다.

카페에도 거의 가지 않았다. 걷는 걸 좋아해서 야외에서 걷는 데이트를 즐겼다. 하지만 겨울 추위만은 우리도 피해 갈 수 없었다. 한파가 들이닥친 어느 날, 얼굴이 꽁꽁 얼 것만 같아서 가까운 도넛 가게로 피신을 했다. 이쯤 되면 커피와 도넛을 시킬 만도 하지만 도넛 두 개만 시켰다. 가게 2층에서 도넛 두 개를 앞에 두고 마주 앉은 우리에게 부족함은 없었다. 커피는 마시지 않았지만 할 이야기는 끊이지 않았다.

이벤트를 신청해서 이따금 문화생활로 새로운 데이트를 즐겼다. 언제나 대중교통으로 이동했고 도시락과 간식을 챙겨 데이트 비용을 아꼈다. 어디에 가든, 무엇을 하든, 무엇을 먹든 둘이 함께하니 항상 즐겁고 괜찮았다.

요즘에는 많은 커플들이 인스타그램 등 SNS에 자신들이 어디에 가서 무엇을 먹으며 데이트를 했는지 전시한다. 인스타그램이 '내가 이렇게 잘 먹고 다닌다'를 자랑하는 곳이라고 하지 않던가. 하지만 남들이 어떻게 보든 내가 만족하는 데이트가 정말 좋은 데이트라고 생각한다. 지금 잠깐 눈이 즐겁고 혀가 즐거운 것보다 분명 더 중요한 것이 있지 않을까?

커플링? 우리는 커플 통장!

연애를 하는 동안 커플 통장을 만들었다. 매달 그 통장에 일정 금액을 자동이체 시켜놓고, 그 돈으로 데이트를 했다. 그리고 돈이 모이면 정말로 가고 싶은 곳을 갔다.

이렇게 남자친구는 지출을 최소화해서 1년 반 후에 회사 대출을 다

갚았다. 내가 진 빚도 아니었지만 감격스러웠다. 하지만 아직 끝난 게 아니었다. 그 이후에 우리는 결혼자금을 마련하기 위한 강제 저축 프로젝트를 시작했다. 빚은 다 갚았지만 우리의 데이트는 크게 달라지지 않았다. 그렇게 열심히 모아 남편은 회사 대출을 갚고도 3,000만 원을 더 모을 수 있었다.

그때 나는 남자친구의 돈을 내 돈이라고 생각했다. 남자친구의 돈을 내 돈처럼 아꼈다. 그래서 통장 관리를 적극적으로 해줄 수 있었다. 그 결과 가난한 커플은 연애를 하면서도 총 6,000만 원을 모을 수 있었다.

2

'내 집'이
생긴 날

– 외벌이로 5년 만에 1억을 갚다

전세살이를 끝내고 아파트를 매매하면서 1억 원의 디딤돌 대출을 받았다. 우리는 5년 안에 대출을 모두 갚는다는 목표를 세웠다. 이를 이루기 위해 다음과 같이 최대한 알뜰하게 생활하려고 노력했다.

첫째, 아이가 둘이나 있지만 차 없이 생활했다. 요즘 사람들은 집은 안 사도 차는 꼭 산다. 하지만 많은 이들이 입을 모아 이렇게 말했다. 차가 있으면 들어갈 돈이 정말 많다고 말이다. 다행히 우리는 한 번도 차를 소유한 경험이 없어서 차 없이도 힘들지 않게 지냈다. 그리고 걷는 걸 좋아해서 유모차를 밀며 아이들과 함께 걸었다.

많지 않은 월급에서 차 구매비, 유지비, 보험료 등으로 돈이 빠져나가면 생활비가 줄어들 수밖에 없을 것이다. 그래서 결혼 10년 동안 차 없이 살았다. 차는 경제적으로 여유로운 시점에 사기로 남편과 합의했다. 불편한 부분도 물론 있었다. 하지만 결과적으로 차 없는 생활은 5년 만에 1억의 빚을 갚는 데 일등 공신 역할을 해줬다.

둘째, 언제나 **체크카드로만 생활했다.** 43년 동안 단 한 번도 신용카드를 쓰지 않았다. 우리 집에는 남편 회사의 복지카드 한 장만이 신용카드다. 나는 매달 생활비 통장에 있는 돈 안에서 생활했다. 체크카드는 잔액이 있어야 쓸 수 있기에 꼭 필요한 것만 사면서 불필요한 소비를 줄여나갔다. 자연스레 아낀 돈으로 빚을 갚아나갔다.

셋째, **월급 이외의 돈이 생기면 무조건 대출 원금을 갚았다.** 우리 집은 남편 혼자 경제활동을 하는 외벌이 가정이다. 1년에 몇 번, 월급 이외의 돈이 들어오는 달이 있다. 예를 들어 1년에 한 번 성과급, 소득공제 환급금을 받는 달이 그러하다. 적지 않은 금액이다. 이렇게 번외의 돈이 생기면 고민하지 않고 대출 원금 상환에 썼다.

넷째, **매달 수기로 가계부를 쓰고 결산했다.** 사실 가계부는 대학 졸업 후부터 함께한 나의 친한 친구이다. 하지만 가계부 작성 그 자체가 중요한 것이 아니다. 그보다 가계부를 결산하면서 우리 집 경제 규모를 제대로 파악하는 것이 더 중요하다.

우리 집의 현재 변동지출비는 100만 원, 고정지출비는 70만 원이다. 이렇게 정해진 것도 가계부를 결산한 덕분이다. 그래서 남편의 월급날이면 무조건 생활비 통장으로 170만 원을 보낸다. 그리고 매달 그 돈 안에서 생활한다. 특별한 경조사비나 뜻밖에 큰돈이 들어갈 것을 대비하는 비상금 통장도 따로 있다. 이렇게 우리 집의 경제 규모를 정확히 파악하고 그 안에서 계획적인 소비를 했다. 그 덕에 외벌이 가정이지만 빚을 비교적 빨리 갚을 수 있었다.

　　마지막으로 즐거운 마음으로 대출금을 갚았다. 그 5년의 여정이 전혀 괴롭거나 힘들지 않았다. 그 이유는 사고 싶은 것, 가고 싶은 곳 리스트를 만들고 이를 이루기 위해 노력한 덕분이다. 역설적이게도 어려움 속에서 목표를 이뤄나가는 과정은 큰 보상이 되어주었다. 더불어 리스트를 하나씩 지워나가니 스트레스가 풀렸다. 당시 블로그와 유튜브를 운영했지만 집에는 컴퓨터나 노트북이 없었다. 그래서 모든 글쓰기와 자막 설정을 핸드폰으로 해야만 했다. 구매 리스트 맨 위에 노트북이 있었던 건 당연한 일이었다. 그러던 어느 달, 유튜브 영상이 많은 호응을 얻으면서 수익이 많이 나왔다. 그래서 그 돈이 입금되자마자 망설이지 않고 바로 노트북을 구매했다.

결혼 10주년에는 호주 여행을 가겠다는 꿈이 있었다. 그래서 매달 5~10만 원씩 적금을 들었다. 10주년이 훌쩍 지난 지금도 여러 사정상 아직 가지는 못했지만 지금은 꽤 많은 돈을 모은 상태다. 무작정 참고 아끼기만 하지 않은 것, 그것이 즐겁게 대출을 갚을 수 있었던 나의 비결이다.

3

짠테크 초보라면
적금은 필수

- 1,000만 원 도전 성공기, 여전히 월급의 반은 적금으로

사회복지학과를 졸업하고 사회복지사 1급 국가고시를 통과한 후, 취업을 했다. 스물네 살에 처음 취업한 곳은 가정폭력, 성폭력 피해 여성들을 돕는 여성단체였다. 그때 받은 월급은 세후 64만 원. 나는 월급의 70%인 40만 원을 저금했다. 10만 원은 어머니께 드리고 나머지 14만 원이 나의 한 달 용돈이었다. 집에서 회사를 다녔기에 그 정도로도 충분했다. 핸드폰 요금, 교통비, 친교 모임비 등에만 쓰면 되었기 때문이다. 그다음 직장은 지역아동센터였다. 사회복지사로 일하면서 처음으로 세후 100만 원의 월급을 받았다. 1년에 1,000만 원을 만들려면 한 달에 83만 원씩 열두 달을 모으면 된다. 그래서 83만 원씩 1년 동안 1,000만 원을 모았다. 그 순간의 희열은 지금도 잊을 수 없다.

어떻게 이렇게 적은 월급으로 힘들이지 않고 돈을 모을 수 있었을

까? 그건 바로 내게 구체적인 세 가지 목표가 있었기 때문이다.

IMF가 터진 뒤 아버지의 사업은 무너지고 말았다. 그러면서 우리가 살던 79평 복층 아파트는 경매로 넘어갔다. 그 후 세면대도 없고 미치도록 추운 산꼭대기 아홉 평의 집으로 이사를 해야만 했다. 그 집은 외풍이 무척 심했다. 난방을 하고 열풍기까지 틀어도 너무나 추웠다. 두꺼운 외투를 입고 자도 몸이 덜덜덜 떨릴 정도였다. 자꾸만 우울로 빠져들게 하는 그 동네와 그 집을 벗어나겠다는 것이 첫 번째 목표였다.

두 번째 목표는 서른 전에 유럽 배낭여행을 떠나는 것이었다. 다른 것은 다 괜찮았지만 여행만큼은 다른 사람들이 부러웠다. 방학 때 유럽 여행을 떠나는 친구들, 여름휴가를 해외로 가는 친구들이 부러웠다. 그래서 여행 자금을 마련하기 위해 열심히 돈을 모았다. 여행지에서 행복하게 보낼 미래의 내 모습을 상상하면 돈을 아끼고 모으는 게 별로 힘들지 않았다.

마지막 목표는 내 손으로 결혼 자금을 마련하는 것이었다. 성인이 되면 스스로 돈을 벌어 자기 자신을 책임지는 게 맞다고 생각했다. 부모 곁을 떠나면서 부모님께 손을 벌린다는 건 앞뒤가 맞지 않는다. 그런 상황을 어떻게 독립이라고 할 수 있을까.

월급이 적어 20대에 많은 돈을 모을 수 없었지만, 내 상황에서 최선을 다하며 마음에 품었던 세 가지 목표를 전부 이루었다. 가난한 그 동네에서 벗어나 더 좋은 동네로 이사했고, 스물아홉 살 여름에 여동생과 15일 동안 유럽 배낭여행을 다녀왔다. 그리고 결혼자금 3,000만 원을 내 손으로 모았다.

남들보다 월급이 적다고 힘들어하는 사람들이 많다. 물론 그 마음도 이해가 된다. 월급이 많다는 건 그만큼 종잣돈을 빨리 모을 수 있다는 뜻이고, 종잣돈을 투자해서 더 빨리 돈을 불려갈 수 있다는 뜻이니까. 황새걸음으로 겅중겅중 앞서나가는 사람들과 비교하면 쥐꼬리만 한 월급에 박탈감을 느낄 법도 하다. 쥐꼬리를 잘라 저축해봐야 얼마나 모으겠냐는 무력감도 생길 수 있다. 하지만 그렇게 비교하기 시작하면 끝이 없다.

비록 18년 전의 일이지만 당시 평균과 비교해봐도 난 턱없이 적은 월급을 받았다. 시민단체 활동가나 사회복지사는 다른 직업군에 비해 급여가 훨씬 적다. 하지만 내가 선택한 길이었기에 그 상황을 불평하기보다는 그 속에서 내가 할 수 있는 일을 찾아 나갔다. 그게 바로 월급의 70% 이상 저축하기였다. 이 습관 덕분에 어느 직장에 가든 최소 50% 이상 저축을 할 수 있었다.

전업주부가 되어서도 남편 월급의 50% 이상은 대출 상환을 포함한 저축을 하기 위해 노력했다. 이 작은 습관이 서울에서 내 집 마련에 성공할 수 있었던 원동력이라고 생각한다.

지금 혹시 적은 월급 때문에 자포자기하는 마음으로 더욱 많은 소비를 하고 있지 않은가? 소비는 일시적인 행복을 주지만 저축은 미래를 위한 장기적인 행복을 선사한다. 내일부터가 아니라 지금 당장 월급의 50% 이상을 저축해보는 것은 어떨까?

해외여행 계획하기
- 결혼 15주년 호주 여행을 꿈꾸며

부정적인 감정은 그 힘이 세서, 자꾸 생각하면 더욱 커지기 마련이다. 안 좋은 감정이 올라올 때마다 나는 나를 다그치는 대신 그 문제를 해결할 구체적인 방법을 찾고 실행한다. 여행을 그토록 가고 싶다면 그것이 가능하도록 준비하면 된다. 여행 자금을 마련하고 여행지에 가서 대화할 수 있도록 영어 실력을 키우면 된다. 머릿속으로 생각만 하는 게 아니라 당장 실행에 옮기는 게 중요하다.

나는 요즘 매일 빠지지 않고 영어 관련 영상을 보고, 매일 한 문장을 암기한다. 아이들을 데리러 갈 때뿐 아니라 수시로 외운 문장을 흥얼거린다. 그럼

어느새 한 문장씩 몸에 딱 달라붙는다. 그 느낌이 참 짜릿하다. 이렇게 나는 열등감을 긍정적으로 해소하고 있다. 그 순간 열등감은 꿈을 위한 발판으로 변신한다.

내년에는 바라던 호주 여행을 떠날 예정이다. 삶은 꿈꾸는 자에게만 선물을 준다. 나는 그 선물을 받기 위해 두 아이를 챙기느라 정신없는 아침에도 티브이를 켜고 영어 선생님과 만난다. 아침을 준비하며 힐긋힐긋 티브이를 보고 영어를 듣는다. 냉장고 앞에는 빨간펜으로 적어둔 영어 문장이 붙어 있다. 냉장고 근처에 갈 때마다 문장을 중얼거린다. 내년에 나는 호주로 떠나기 위해 짐을 챙기고 있을 것이다, 분명히. 새벽부터 그 생각을 하니 힘이 솟는다.

갖고 싶은 물건 리스트 작성하기
그리고 빚에서 자유로워지기

미니멀 라이프를 지향한다고 해서 갖고 싶은 물건이 아예 없을까? 필요한 물건은 생기기 마련이고, 도인이 아닌 이상 물욕도 생기기 마련이다. 그렇기에 평소에 갖고 싶은 물건 리스트를 정리해두는 편이다. 실제로 갖고 싶은 물건이 두 가지 있었다. 하나는 노트북이고, 또 하나는 신형 핸드폰이었다. 당시에는 그만한 돈이 없어서 살 수 없었다.

그런데 기회가 찾아왔다. 나는 망설이지 않았다. 유튜브 수익이 많이 나온 달에 그 돈으로 노트북을 샀다. 그리고 MKYU에서 수석 장학생이 된 후엔 장학금 100만 원을 받아 신형 핸드폰을 살 수 있었다. 평소에 갖고 싶은 물건 리스트를 정리해두면 기회가 왔을 때 허투루 돈을 써버리지 않고 꼭 필요한 물건을 사는 행동으로 옮길 수 있다. 이렇게 준비된 리스트가 바로 쓸데없는 소비를 하지 않으면서도 작은 꿈을 이루어가며 스트레스를 해소하는 나만의 현명한 방법이다.

결혼 10년 동안 우리 부부에게는 차가 없었다. 아이가 둘이 있어도 차 없이 잘 지냈다. 유모차를 끌고 지하철로 안 가본 곳이 없다. 때로는 차를 렌트해서 여행을 가기도 했다. 그래서 당시 우리 집 창고에는 카시트 두 개가 있었다.

현재 살고 있는 집을 매매하면서 차 구매를 고민했다. 이제는 사도 될 것 같았다. 그런데 돈이 없었다. 내 인생 첫 차는 꼭 일시불로 사고 싶었다. 할부, 대출을 내 인생에 들이고 싶지 않았다. 하지만 돈은 없고 남편은 차가 꼭 필요한 상황이었다. 내 소신과는 맞지 않았지만 어쩔 수 없이 차 구매 비용 전액을 은행 대출로 해결했다. 무려 5년 동안 매달 원금+이자를 갚는 계약이었다. 계약 기한보다 빨리 대출을 갚기 위해 돈이 생길 때마다 대출금을 상환했다. 그럼에도 불구하고 큰돈이라서 빨리 갚기가 쉽지 않았다.

그동안 남편이 따로 조금씩 모아둔 돈이 있었는데, 차 대출 전액을 중도 상환할 수 있는 금액이었다. 비상금은 이럴 때 쓰라고 있는 것이다. 은행 가상 계좌로 비상금 전액을 입금했다. 대출이 드디어 0이 되는 순간이었다. 대출이나 할부는 되도록 하지 않는다는 게 내 원칙이지만, 어쨌거나 대출이 0이 되는 순간은 꽤나 짜릿했다.

어린 시절부터 빚이라면 진절머리가 났다. 아버지가 파산하는 현장을 고스란히 보며 자랐다. 빚 독촉 전화, 카드회사의 도 넘는 독촉과 비난, 갚아도 갚아도 끝없는 빚의 굴레. 그 모습을 보며 다짐했다. 성인이 되어서도 신용카드는 절대 쓰지 않겠다고. 집을 살 때를 제외하고는 대출을 받지 않겠다고. 하지만 인생은 마음먹은 대로만 돌아가지 않는다.

대출금을 갚기 전에는 차를 타면서도 온전히 내 차가 아닌 기분이 들곤 했다. 이제는 마음 편히 차를 탈 수 있을 것 같다. 어떤 사람들은 레버리지를 이용하라지만 그건 집 대출만으로 충분하다. 평안하고 단정한 마음을 위해서는 궁극적으로 빚과 멀어져야 한다. 빚을 내서 산 물건으로는 자유와 평안을 오롯이 느끼기 어렵다. 빚으로부터의 자유야말로 해방감에 가까운 자유를 준다.

당신의 자유를 구속하는 빚이 있는가? 나는 당신이 빠른 시간 안에 그 빚으로부터 자유로워지길 소망한다.

우리 집
최고 재무 책임자, CFO

단순하게 가계부 쓰기

가계부를 작성하고 결산하면서 고정지출비와 변동지출비를 알아내는 것이 중요하다고 이야기했다. 이번에는 나의 가계부를 솔직하게 보여주려고 한다.

나는 다음과 같이 통장을 네 개로 쪼개서 사용한다.

1. 생활비 통장

2. 비상금 통장

3. 남편 월급 통장

4. 적금 통장

남편의 월급이 들어오면 제일 먼저 생활비 통장으로 이체한다. 생활비는 체크카드로만 쓴다. 적금은 월급 바로 다음 날에 자동 이체된다. 부수입 및 추가 수입은 무조건 대출을 상환하는 데 쓴다. 비상금 통장은 혹시 모를 일에 대비해 일정 금액을 항상 유지한다. 이렇게 관리하면 단출하면서도 효율적이다. 자, 이제 생활비 통장 내역부터 살펴보도록 하겠다.

예시1

〈4인 가족 4월 생활비 87만 원〉

1) 집밥: 549,860원

2) 외식: 20,330원

3) 생활용품비: 87,650원

4) 교통비: 3,550원

5) 의류 미용비: 18,000원

6) 병원 의료비: 185,350원

총 생활비: 864,740원

〈4월 생활비 결산〉

4월에는 생활비가 87만 원이 나와, 100만 원 미만으로 쓴다는 목표를 달성할 수 있었다. 식비는 외식을 포함해 57만 원이 들었다. 다만 치과 치료가 있어 병원비가 많이 들었다.

예시2

〈4인 가족 5월 생활비 88만 원〉

1) 집밥: 515,320원

2) 외식: 61,800원

3) 생활용품비: 101,570원

4) 교통비: 16,150원

5) 의류 미용비: 32,000원

6) 병원 의료비: 157,780원

총 생활비: 884,620원

〈5월 생활비 결산〉

5월 생활비는 884,620원이 나왔다. 이 생활비에는 아이들 학원비, 차 주유비, 여행 비용은 포함되지 않는다. 이번 달에는 병원 의료비가 많이 들었다. 영양제나 건강보조제 구매 비용도 여기에 모두 포함된다. 이번 달에 오메가3와 유산균을 구매해서 돈이 많이 들었다. 가정의 달인 5월은 소비가 많아지기 쉬운데도, 식비는 외식을 포함해서 50만 원대를 유지해서 선방했다.

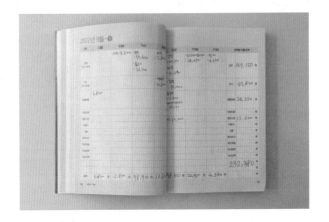

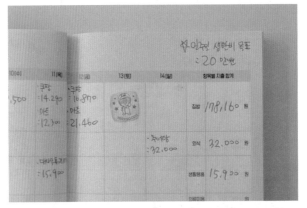

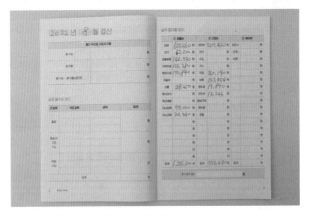

하루도 빠짐없이 쓰고 있는 나의 가계부.

생활비 목표를 세우는 4가지 원칙

☑ 최근 3개월간 한 달 동안 쓴 돈을 카드 명세서나 통장 내역을 정리해 확인한다.

☑ 우리 집의 씀씀이를 파악한 후 가족의 상황에 맞게 무리하지 않는 선에서 한 달 예산을 설정한다. 그 뒤 5로 나누어 주간 예산을 정한다.

☑ 일주일 생활비 목표를 세우면 한 달 목표만 바라볼 때보다 더 쉽게 목표를 달성할 수 있다.

☑ 다른 사람의 가계부와 나의 가계부를 비교하는 것은 금물이다. 우리 집 가계부의 일주일 전, 한 달 전과 비교하며 스스로 성장한 모습을 점검한다.

5

새 나가는 돈을
막으려면

앞서 살펴본 '생활비'는 모두 가계부의 '변동지출'에 해당한다. 변동지출은 매달 씀씀이에 따라 달라지는 지출로 절약해서 줄일 수 있다. 반면 고정지출은 매달 고정적으로 나가는 지출이다. 주거비, 통신비, 보험료 등이 이에 속한다. 각 비용을 어떻게 절약할 수 있는지 그동안의 절약 팁을 소개한다.

1. 변동지출 줄이는 법

① 식비 줄이는 방법

우리 집은 집밥과 외식과 모임에서 쓰는 비용을 모두 식비로 잡는다.

• **집밥**: 쌀, 고기, 생선, 채소, 과일, 밀가루, 올리브유, 간장 등 먹을거리와 관련된

모든 것

- **외식, 간식**: 배달 음식 및 외식, 빵집, 카페 방문 등
- **모임**: 가족 외의 친구, 교회 사람들을 만나서 쓰는 비용

〈식비 50만 원이 가능한 이유〉

1) 대형마트에 가지 않고 동네 마트와 동네 시장에서 장을 본다.

2) 장을 보러 가기 전에 오늘의 메뉴를 먼저 정한다. 냉장고를 열어 무슨 재료가 부족한지 파악한다. 마트에 가서 부족한 재료, 메모한 재료만 산다. 할인한다고 혹은 싸다고 계획에 없던 것을 사지 않는다.

3) 온라인으로 쇼핑할 목록과 오프라인에서 직접 보고 쇼핑할 목록을 구분한다. *온라인 쇼핑으로 살 것: 쌀, 올리브유, 두유, 우유 등

4) 한꺼번에 몰아서 장을 보기보다 그때그때 본다. 보통 주 3회, 한 번 장을 볼 때 3만 원 정도의 상한선을 정해둔다. 몰아서 장을 보면 필요 없는 것도 충동 구매할 수 있기 때문이다.

5) 야식을 먹지 않는다. (우리 집 원칙)

6) 카페나 제과점은 꼭 필요할 때만 이용한다. (선물 받은 기프티콘이 생기면 간다)

7) 라면, 과자 등을 쌓아두고 먹지 않는다. (비상시를 위하여 라면 다섯 봉지, 짜장라면 다섯 봉지 정도만 보관하고 과자 등은 먹고 싶을 때 한 봉지씩 사서 먹는다)

8) 외식은 가끔, 1회에 상한선(3만 원) 내에서 해결한다.

9) 친정 엄마와 시어머니께서 종종 반찬을 싸주신다.

10) 꼭 필요한 것만 사고 냉장고에 바로 먹을 것만 적당히 넣어두는 습관. 이 두 가지 습관은 한 달 식비 50만 원을 가능하게 해주는 일등 공신이다.

② 의류 미용비 줄이는 방법

1) 1년 동안 내 옷을 사지 않았다

미니멀리스트이기도 하지만 최근 1년 동안 옷을 사지 않았다. 때로는 친정엄마나 동생이 입지 않는 옷을 받아서 입기도 한다. 일반적으로 옷이 많아도 즐겨 입는 옷은 몇 벌 되지 않는다. 자신의 취향을 잘 파악하면 나에게 잘 어울리는 멋진 옷 몇 벌로도 만족하며 멋을 낼 수 있다. 자신에게 잘 어울리는 멋진 옷만으로 채운 옷장은 열 때마다 마음을 설레게 한다.

2) 미용비는 합리적으로

평소에는 로션과 선크림을 바른다. 특별한 날에는 비비크림과 프라이머를 추가한다. 그리고 립스틱을 바른다. 화장을 간단하게 하다 보니 화장품 값이 들지 않는다. 로션도 아이들 로션을 같이 써서 저렴한 편이다. 다른 화장품도 저렴한 브랜드 제품이라 돈이 많이 들지 않는다. 피부가 민감한 편이지만 그렇다고 꼭 비싼 화장품을 쓸 필요는 없다. 내게 맞는 화장품을 골라서 쓰면 된다.

화장품은 종류가 많지만 실질적으로 기능은 크게 다르지 않다는 피부과 의사의 인터뷰를 본 적이 있다. 그 이후 간단하게 화장하고 있는데 실제로 그 후 피부가 더 좋아졌다.

미용실에 가는 나만의 규칙이 있다. 1년을 기준으로 분기별로 한 번씩 머리를 커트하고 열 파마를 한다. 짧은 단발 파마 머리가 잘 어울려서 그 스타일을 고수하는 중이다. 브랜드 미용실이 아니라 동네 미용실에서 파마를 한다. 동네 미용실이지만 내 스타일을 잘 알고 계셔서 늘 만족한다. 유행을 따라 하기보다는 자신에게 어울리는 헤어스타일을 잘 파악하는 게 먼저다. 돈도 절약하면서 예쁘게 꾸밀 수 있다.

③ 카페라테 효과

하루에 마시는 카페라테 한 잔 값을 꾸준히 모으면 목돈을 만들 수 있다는 의미의 조어가 있다. 바로 '카페라테 효과'다. 이 개념은 1998년부터 다양한 재테크 서적을 집필해 700만 부 이상을 판매한 미국의 재테크 전문가 데이비드 바크가 쓴 《자동 부자 습관》이라는 책에서 처음 소개한 개념이다. 이 말처럼 티끌 모아 태산이라고, 꾸준히 저축하면 예상외의 큰 효과를 볼 수 있다. 약 4,000원 정도 하는 카페라테 한 잔 값을 꾸준히 모으면 한 달에 12만 원을 절약하게 된다. 이것을 30년간 지속하면 물가 상승률, 이자 등을 고려해 약 2억 원까지 마련할 수 있다고 한다.

나는 카페인에 약해서 커피를 마시지 않는다. 하지만 많은 이들이 습관적으로 커피를 마시곤 한다. 하루 4,000원은 적어 보이지만 1년이면 144만 원이다. 비단 커피만이 아니다. 편의점도 마찬가지다. 무심코 들르는 편의점에서 우리는 꽤 많은 돈을 소비한다. 푼돈을 아껴 목돈을 만들면 자신이 진짜 필요한 곳에 유용하게 소비할 수 있다.

④ 다이소를 지나칠 수 있는 용기

한 시간 동안 걷기 운동을 하고 집으로 돌아오는 길에 다이소가 있다. 하지만 이 동네에 이사 와서 다이소에 들른 기억은 거의 손에 꼽을 정도다. 나의 경우, 꼭 사야 할 물건이 있을 때만 다이소에 간다. 싸다고 해서 필요하지도 않은 물건을 구매하지 않는 게 나의 소비 철학이다.

요즘 SNS를 보면 다이소 주방 아이템이 유행이다. 물론 유용한 것도 많다. 그런데 다이소에 가서 구경하다 보면 꼭 필요하지도 않은데 이것저것 사게 되는 경우가 많다. 싸서, 신기해서, 사두면 언젠가 쓸 것만 같아서… 지금 당장 필요가 없는 물건을 의심 없이 사들인다. 하나씩 볼 때는 싼 것 같았는데 막상 모아서 계산을 하면 적지 않은 돈이 든다. 그래서 필요한 것이 있을 때만 가서 딱 그것만 산다.

물건을 무작정 사들이기 전에 내가 가진 물건으로 대체할 수 있는지 생각해보는 습관도 필요하다.

　나는 유튜브를 시작한 지 2년이 넘었지만 따로 조명 기구를 구매하지 않았다. 집에 있는 LED 스탠드로도 충분하기 때문이다. 마이크도 이어폰을 사용하고 있다. 무작정 있으면 좋을 것 같아서, 없는 것보다 나을 것 같아서 덮어놓고 산 뒤에 안 쓰는 물건이 얼마나 많던가? 필요가 구매로 이어져야지, 반대로 구매로 필요를 만들면 안 된다.

2. 고정지출 줄이는 법

① 보험 리모델링 (4인 가족 보험료는 총 24만 원)

　우리 집 4인 가족의 보험료는 총 24만 4,174원이다. 전문가들의 의견에 따르면 보험료는 한 사람 급여의 7~10% 이내로 하는 것이 좋다고 한다. 이 기준을 맞추기 위해 나는 보험을 들 때 설계사분에게 맡기지 않았다. 조금 귀찮았지만 나와 가족에게 꼭 필요한 항목과 특약만 넣어 보험을 직접 설계했다. 그리고 매달 나갈 보험료를 감당할 수 있는지 보수적으로 따져봤다. 한번 들어놓으면 보통 20년을 내는데 그 돈을 매달 낼 때 힘들면 안 되기 때문이다.

　매달 내는 보험료가 부담스럽다면 보험 리모델링을 해보자. 보험 리모델링이란 기존 보험을 해지하고 다른 보험에 가입하는 것이 아니다. 집 리모델링과 비슷하다. 살릴 수 있는 부분은 살리고 고칠 부분은 고치면 된다. 특약을 줄일 수도 있고, 보험이 여러 개면 중복되는 보장을 없앨 수 있다. 내가 가입한 보험에 실손의료비(실비)가 포함되어 있는지 암, 뇌졸중,

심근경색 항목이 들어 있는지, 후유장해가 들어 있는지는 리모델링할 때 꼭 체크해야 한다.

금융감독원에서 운영하는 금융소비자 정보포털 '파인*fine.fss.or.kr*'에 들어가면 보험에 대한 각종 정보를 얻을 수 있다. '보험·증권' 메뉴 중 '내보험다보여'에서는 본인의 보험 가입 내용 및 실손보험 중복 가입 여부를 확인할 수 있다. '내보험찾아줌'에서는 본인이 가입한 모든 보험 계약과 숨은 보험금을 한 번에 확인할 수 있다. '보험다모아'에서는 자동차보험, 실손보험 등 다양한 보험 상품을 비교, 조회할 수 있다. 보험에 가입하거나 보험 리모델링을 할 때 먼저 이 사이트에 들어가서 확인하면 많은 도움을 받을 수 있다.

② 통신비 절약 (나의 알뜰폰 사랑)

현재 통신비는 매달 1만 6,790원 정도가 나온다. 바로 알뜰폰 덕분이다. 내가 가입한 요금제는 통화 무제한, 문자 무제한, 인터넷 7GB로 구성되어 있다. 이 정도면 한 달 동안 사용하기에 충분하다. 알뜰폰 요금제는 데이터를 무제한으로 써도 3만 원대에 이용할 수 있다. 하지만 한 달에 10만 원에 달하는 통신비를 내는 사람이 많다. 1년으로 계산해보면 120만 원이 넘는다.

이렇게 통신비가 많이 드는 이유는 2~3만 원 정도의 단말기 할부금이 요금에 포함되어 있기 때문이다. 그런데 핸드폰 할부에도 이자가 붙는다. 핸드폰을 2년 약정 할부로 사면 5.9%의 이자 수수료가 나간다. 예전에는 나도 핸드폰 할부에 이자가 나가는지 몰랐다. 그런데 그 사실을 알게 된 뒤 단말기는 할부가 아닌 일시불로 산다. 비싼 핸드폰 요금에 단말기 요금,

거기에 할부 이자까지 낸다면 아까운 돈이 줄줄 새는 것으로 봐야 한다.

최신 핸드폰으로도 알뜰폰 요금제를 쓸 수 있고, 통화 품질도 떨어지지 않는다. 거기에 약정 기간도 없다. 저렴한 요금으로 좋은 품질까지 누릴 수 있으니 일석이조가 아닌가?

물론 단점도 있다. 고객센터가 소규모여서 전화 연결이 쉽지 않고, 상담원의 친절도도 떨어진다. 멤버십도 없고 제휴 서비스 혜택도 누리지 못한다. 하지만 장점에 비하면 이런 단점은 소소한 수준이다. 그렇기에 장점이 더 많은 알뜰폰 요금제를 권하고 싶다. 가족 결합 할인 요금제를 쓰고 있다면, 알뜰폰 요금과 현재 쓰고 있는 요금제의 할인율을 비교해보고 결정하기 바란다.

국민은행에서 운영 중인 알뜰폰, 리브엠. 유심칩은 국민은행에서 무료로 준다.

알뜰폰 요금제 가입 방법

---

* 기계를 바꾸지 않아도 지금 사용하는 휴대폰에 유심칩만 갈아 끼우면 된다.

1) 기존 통신사에 약정 기간이 있는지 확인한다. 위약금이 있다면 그 금액과 알뜰폰 요금제로 아낄 수 있는 비용을 비교한다.

2) 알뜰폰 요금제로 절약할 수 있는 돈이 더 크고 위약금이 적다면 알뜰폰으로 갈아타 보자.

3) 한 달 동안 통화, 문자, 데이터를 얼마나 쓰는지 확인한다.

4) 알뜰폰 통신사 홈페이지를 방문한다.

5) 자신의 사용 패턴에 맞는 요금제를 선택하고 신청한다.

6) 유심칩은 편의점에서 살 수 있다. 유심칩을 산 후 갈아 끼운다.

* 국민은행에서 운영하는 <리브엠>의 경우 국민은행에서 무료로 유심칩을 제공한다.

7) 홈페이지에 접속한 뒤 셀프 개통을 진행한다.

③ 교통비 할인

1) 알뜰교통카드

알뜰교통카드는 대중교통을 이용하기 위해 걷거나 자전거로 이동한 거리만큼 마일리지가 적립(20%)되고, 아울러 카드사 할인(10%)까지 되어 대중 교통비를 최대 30%까지 줄일 수 있는 교통카드이다.

2019년 전국 시범사업을 거치며 편의성과 혜택을 크게 높였다. 사업 시행 첫해인 2020년에 이용자들은 월평균 1만 2,862원을 아껴 연간 대중교통비 지출액의 20.2%를 절감한 것으로 나타났다. 국토교통부의 통계에 따르면 2022년 1분기 알뜰교통카드 이용자가 대폭 늘어났으며 한 달에 평균적으로 1만 3,000원 이상의 비용을 아낄 수 있다고 한다. 경기도에서

서울로 출퇴근하며 광역버스를 이용하는 사람에게 유리한 카드이다. 단,
월 15회 이상 사용해야 한다.

알뜰교통카드 발급 및 앱 이용 방법

---

1) 알뜰교통카드 홈페이지에서 '카드 신청' 클릭

2) 원하는 카드 결정 후 '카드 신청하기' 버튼 클릭

3) 주민등록상 주소지 선택 후 '카드 신청하기' 버튼 클릭

4) 카드회사(우리, 신한, 하나카드) 홈페이지에서 알뜰교통카드 발급 신청

5) 카드 수령 후, 알뜰교통카드 앱 설치

6) 앱 회원가입 및 로그인

7) 대중교통 이용 전 보행·자전거를 이용하고, 최초 출발한 지점에서 알뜰교통카드 앱
의 '출발하기' 버튼 누르기

8) 대중교통 승하차 시, 알뜰교통카드 태그

9) 대중교통 하차 후 보행·자전거를 이용하고 최종 도착한 지점에서 '도착하기' 버튼
누르기

마일리지 환산 거리는 [자택(출발 버튼)~첫 정류장(승차 카드 태그)] 도보거리와 [마지막 정류장(하차 카드 태그)~회사(도착 버튼)]의 도보거리 합으로 정해진다. 이 거리에 비례해 마일리지 금액도 달라진다. 최대 800m가 확인되면 최대 마일리지가 반영된다. 앱 사용 시 GPS 수신이 안 되면 거리 계산에 불이익을 받을 수 있고 중간 환승을 위한 도보는 포함되지 않는다.

2) 지하철 정기권

정기권 카드를 구매(판매가격 2,500원)해 원하는 종류의 정기권 운임을 충전해 사용한다. 사용 기간은 충전일부터 30일 이내 60회까지이다. 30일이 지났거나 60회를 모두 사용한 경우에는 기간이나 횟수가 남아 있더라도 사용할 수 없다.

서울 전용 정기권은 지정된 사용구간 외의 역에서는 승차할 수 없다. 지정된 사용구간 초과 시 잔여 횟수에서 추가로 차감된다. 지하철로 출퇴근을 하거나 등하교를 하는 사람에게 유리하다. 정기권 카드를 반환하면 잔여일수와 잔여 횟수를 적용해 산출한 금액 중 적은 금액을 돌려준다. (단, 불량카드는 사용 횟수를 적용한다)

카드 판매대금은 반환되지 않는데 최초 구매 후 1년 이내에 발생한 불량카드는 대금을 반환해준다(승객 부주의로 인한 경우 제외). 승차권에 승차 인원을 기재하지 않았다면 한 장의 정기권은 한 명만 사용할 수 있다.

3) 택시는 긴급할 때만

보통 때는 어린 두 아이를 데리고 유모차를 밀며 지하철을 이용한다. 예전에 지하철로 갈 수 없는 곳에 가야 해서 택시를 탄 적이 있었다. 그다지 먼 거리가 아니었는데도 만 원이 훌쩍 넘는 비용이 나왔다. 아주 급할 때가 아니라면 굳이 이 비용을 써야 할 이유가 없다. 대중교통 이용은 새는 돈을 아낄 수 있는 가장 손쉬운 방법이다.

④ 관리비 줄이는 방법

1) 티브이 수신료 해지

티브이 수신료는 전기요금에 합쳐져 부과된다. 그래서 티브이가 없는데도 요금을 내는 경우가 많다. 집에 티브이가 설치되어 있지 않다면 수신료를 내지 않아도 된다. 한국전력공사나 KBS에 해지 신청을 하면 된다. 한국전력공사는 지역번호 + 123으로 전화, 상담원 연결을 통해 해지 신청을 할 수 있다. 단, 현실적으로 과거에 냈던 요금은 환불받기가 어렵다. 언제부터 티브이를 설치하지 않았는지 확인이 어렵기 때문이다.

2) 에코마일리지, 탄소포인트제 활용

에코마일리지란 에코(eco, 친환경)와 마일리지(mileage, 쌓는다)의 합성어로 친환경을 쌓는다는 의미이다. 전기, 수도, 도시가스를 절약하면 마일리지로 적립할 수 있는 시민참여 프로그램이다. 에코마일리지 홈페이지에 회원가입 후 고객정보를 입력하면 매달 전기, 수도, 도시가스(지역난방 포함) 사용량을 한 번에 확인하고 관리할 수 있다. 사용한 에너지 사용량(전기, 수도, 도시가스)을 6개월 주기로 집계하여 그 절감률에 따라 마일리지를 적립해주며, 해당 마일리지로 친환경 제품을 구매하거나 저탄소 활동에 재투자할 수 있다.

최근 6개월간 에너지 감축량이 5~10%라면 1만 마일리지를 돌려준다. 10~15%라면 3만 마일리지, 15% 이상 절감했다면 5만 마일리지를 제공한다. 연간 10만 마일리지까지 받을 수 있다. 에코마일리지 사이트에 접속해서 전기, 가스, 수도 요금 가운데 두 개 이상의 고객 번호를 입력하면 된다.

에코마일리지 카드도 신청할 수 있다. 마일리지가 적립되면 기부도 할 수 있고, 상품권으로 교환하거나 아파트 관리비, 통신 요금을 낼 수 있다. 지방세도 납부할 수 있으며 원할 때 현금 전환도 가능하다. 실제로 서울에 거주할 때 에너지를 절약해 1년에 5만 포인트를 두 번 받았었다. 이 포인트는 현금 10만 원과 같아서 그대로 내 계좌에 입금된 일도 있었다.

서울에서 에코마일리지를 시행하고 있다면 서울 외 지역은 탄소포인트제를 실시하고 있다. 탄소포인트제는 가정, 상업, 아파트 단지 등에서 전기, 상수도, 도시가스 사용량을 절감하면 감축률에 따라 탄소포인트를 부여하는 제도다. 기후위기에 대응해 온실가스를 줄이는 것이 목표다. 탄소포인트제 홈페이지에서 온라인으로 가입할 수 있다.

3) 관리비, 공과금 자동이체

자동이체를 해두면 관리비를 연체할 일이 없다. 그리고 자동이체에 따른 포인트 적립이나 할인도 꽤 많이 된다. 다른 것을 구매하지 않아도 할인이 되기 때문에 잘 살펴보고 자동이체를 걸어두면 쏠쏠한 혜택을 누릴 수 있다. 전기요금은 은행 계좌로 자동이체를 걸어놓으면 매달 요금의 1%, 최대 1,000원까지 할인된다. 도시가스 요금은 모바일 고지서로 신청하면

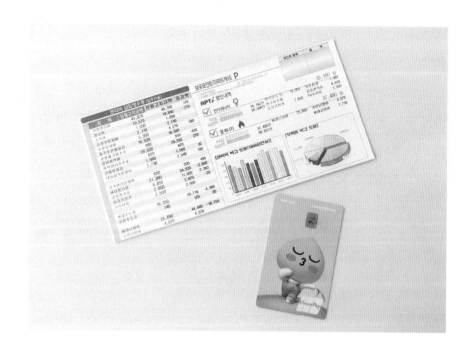

포인트를 준다. 수도 요금은 계좌 자동이체를 걸어놓고, 이메일 고지서를 신청하면 월 요금의 1%가 할인된다.

4) 관리비 전용 파일로 관리하기

관리비 고지서가 나오면 매달 관리비 전용 파일에 넣어 보관한다. 매달 달라지는 변화를 확인하기 위해서다. 1년 동안 보관하고 1년이 지나면 비운다. 관리비 감소폭을 확인하다 보면 다음 달 관리비도 예상이 가능해진다.

5) 전기요금 줄이기

10평대 아파트에 살 때 전기요금은 한 달 평균 7,000원 정도가 나왔다. 전기요금이 적게 나올 수 있었던 비결이 뭘까. 우선 전구가 모두

LED 전구였다. LED 전구는 일반 형광등보다 훨씬 밝지만 요금은 적게 나온다.

　　또한 전기밥솥 사용 시 보온 기능은 사용하지 않고 매번 밥을 한 후 바로 전용 용기에 담아 냉동실에 보관했다. 그리고 에어컨은 9평형 벽걸이를 사용했는데, 설정 온도를 25도로 맞추고 열대야 모드로 사용했다. 이렇게 하면 한여름에도 전기요금이 많이 나오지 않는다.

　　냉장고 역시 적정 온도 유지가 중요하다. 냉동실은 −18도, 냉장실은 4도로 맞추는 것이 좋다. 그 외 사용하지 않는 가전제품은 코드를 바로바로 뽑아 대기전력 소모를 방지했다. 가전제품을 살 때는 에너지 효율 등급 1등급 위주로 구매해야 전기요금이 적게 나온다.

6) 수도 요금 줄이기

　　무심결에 샤워기를 틀어놓고 샤워하는 경우가 많다. 되도록 샤워를 짧게 하고, 머리에 샴푸 비누를 묻히는 시간처럼 물이 필요하지 않을 때는 수도꼭지를 꼭 잠갔다. 또한 따뜻한 물을 틀면 처음에는 차가운 물이 나오는데, 그 물을 세면대에 받아 세수할 때 사용했다. 아이들을 씻길 때도 계속 물을 틀어놓지 않았다. 이렇게 필요할 때만 사용하니 수도 요금이 지난달에 비해 2,000원 정도 줄어들었다. 작은 절약도 매달 꾸준히 쌓이면 큰돈이 되는 법이다. 그래서 이런 사소한 행동도 꼭 실천하는 습관 중 하나다.

⑤ 구독 서비스

　　요즘은 유튜브 프리미엄, 넷플릭스, 멜론, 지니, 왓챠 등 구독 서비스를 많이 이용한다. 물론 꼭 필요하고 자신에게 유용하다면 써야 한다. 하지

만 많이 이용하지도 않으면서 구독해놓고 습관적으로 유지하고 있지 않은
지 한번 점검해볼 필요가 있다.

세상에서 제일 쉽게 가계부 쓰는 법

1. 신용카드를 쓰지 않고 체크카드만 사용한다.

체크카드만 사용하면 가계부를 매일 쓸 필요가 없다. 주거래 은행 모바일 뱅킹에 들어가서 거래 내용을 가계부에 옮겨 쓰면 된다. 일주일에 한 번이면 충분하니 간편하다. 그 후 항목별로 묶어서 결산한다.

2. 가계부는 '쓰는 것'보다 '결산'이 중요하다.

20년 넘게 수기 가계부를 쓰고 있다. 수기 가계부는 특히 쓰는 것보다 결산이 중요하다. 매달 변동되는 변동지출(생활비)은 집밥, 외식비, 생활용품비, 의류 미용비, 병원 의료비, 자동차, 교통비, 여가비, 취미 계발비, 양육비 및 교육비 등으로 나눈다.

그리고 고정지출(공과금 등)은 관리비, 전기 요금, 수도 요금, 가스 요금, 연금, 보험료, 핸드폰, 인터넷, 주거, 자동차 등으로 나눈다. 이렇게 나누어 정리하면 자신이 어느 항목에 지출을 많이 하는지 파악할 수 있다. 결산 보고서를 통해 자신의 소비 습관을 돌아볼 수 있고 다음 달 예산을 수립할 수 있다.

3. 뿌미맘식 통장 쪼개기 - 용도별로 나누는 정리법

통장을 쪼갤 때는 자신만의 기준이 필요하다. 일반적인 매뉴얼을 따라도 되지만 사람마다 처한 환경이 다르기 때문에 자신의 상황에 맞춰 나누는 것이 좋다.

〈우리 집 통장 쪼개기〉

1. 남편 급여 통장

2. 생활비 통장

3. 남편 용돈 통장

4. 비상금 통장(경조사비 및 만약을 위한 돈)

5. 적금 통장

6. 친정 계 통장

7. 내 집 마련 대출 통장(집 매매 시 만든 대출 통장)

이렇게 일곱 개의 통장을 굴리면서 한 달을 생활한다. 각 통장의 흐름을 만드는 것이 중요한데, 나는 매달 남편 급여 통장에 월급이 들어오면 바로 용도별로 해당 통장에 이체한다. 우리 집 현금의 흐름은 다음과 같다.

1. 생활비 통장으로 이체

: 생활비 + 각종 고정지출(관리비, 보험, 통신비 등)

2. 남편 용돈 통장으로 한 달 용돈 이체

3. 비상금 통장은 일정 금액 유지(약 300~400만 원)

4. 적금은 월급 다음 날 자동이체

5. 대출 통장에는 매달 원금 + 이자를 넣어 나갈 수 있게 하고, 여윳돈이 조금이라도 생기면 원금을 갚는다. 3년이 지나면 중도 상환 수수료가 없기 때문에 돈이 생길 때마다 갚는 것이 유리하다.

“

당연한 이야기지만 가계부를 쓰면 새는 돈을 막을 수 있다.

또한 자신이 어떤 항목에서 가장 많은 지출을 하는지도 알 수 있다.

자신의 지출을 제대로 파악해야 절제도, 저축도 이루어진다.

”

6

짠테크 불변의 진리
'선 저축 후 지출'

돈을 모으기 위해서는 '선 저축 후 지출'을 해야 한다는 이야기를 아마 귀가 따갑게 들었을 것이다. 지겨울지도 모르지만 정말 불변의 법칙이다. 대출을 갚거나 적금에 들어가는 돈을 먼저 이체시킨 후 남은 돈으로 생활하는 것이 가장 좋다. 통장에 돈이 있으면 자꾸만 더 쓰고 싶은 것이 사람 마음이니 말이다.

〈우리 집의 경우〉

생활비(100만 원)+고정 지출(70만 원)=총 170만 원을 생활비 통장으로 이체한다.

나의 경우 생활비 통장으로 이체한 한도 안에서 체크카드로만 생활한다. 각종 고정지출은 매달 자동이체 된다. 매달 어느 정도의 규모가 고정적으로 지출되는지 아는 것이 중요하다. 지출 정도를 알아야 예산을 잡을 수 있고, 예산을 잡아야 자신의 생활비를 통제할 수 있다.

　나 역시 가계부를 쓰며 우리 집의 생활비 지출 정도를 파악했기 때문에 생활비 100만 원이라는 예산을 잡을 수 있었다. 신용카드나 체크카드의 3개월 동안의 지출 내용을 출력해, 한 달 평균 얼마를 사용했는지 파악한다. 이를 바탕으로 한 달 예산을 잡은 후 그 안에서 생활하는 연습을 해본다.

　신용카드는 청구일을 25일로 해두면 지난달에 얼마나 사용했는지 파악하기 어렵다. 전달 1일부터 말일까지 지출한 금액이 청구되는 것이 아니기 때문이다. 예측이 어려우니 예산 잡기가 힘들 수밖에 없다. 신용카드 청구일을 14일로 설정하면 전월 1일부터 말일까지의 지출 금액이 청구되기 때문에 편리한데 많은 직장인이 이 간단한 방법을 실천하지 못하고 있

애용하고 있는 어피치 스윗 체크카드.

다. 대부분 회사의 월급날이 17일, 20일, 25일이기 때문이다. 그래서 아예 지출 내역을 파악하기 쉽고, 통장 잔액 내에서만 지출이 가능한 '체크카드' 사용을 추천한다. 만약 신용카드를 쓰고 있다면 선 결제를 활용하는 것도 좋은 방법이다.

대출 갚을래? vs 적금 통장 만들래?

　　대출 이자와 적금 이자를 비교하면 당연히 대출 이율이 더 높다. 이럴 때는 목돈이 생기면 대출을 먼저 갚는 것이 당연히 이득이다. 물론 여행, 아이 수술비 등 용도가 있는 적금 통장은 대출 통장과 분리해서 따로 관리한다.

　　적금통장도 모바일 뱅킹을 이용한다. 은행의 영업시간은 오전 9시 ~오후 4시이다. 은행에서 개설하는 종이 통장은 적금 만기가 되면 은행에 직접 가서 찾아야 하는데 영업시간에 맞춰서 방문하는 것이 보통 일이 아니다. 더구나 아이와 함께한다면 더욱 그렇다. 그래서 나는 적금 통장은 이율 혜택도 더 많은 모바일 통장을 이용한다. 관리가 수월하고 중도해지나 만기 시 은행에 가지 않아도 되니 편리하다. 은행에서도 종이 통장을 만들지 않아도 되고, 서비스 비용도 아낄 수 있어서 모바일 통장에 다양한 혜택을 주면서 권장하는 추세이다.

　　핸드폰만 있으면 누구나 은행에 가지 않아도 대부분의 은행 업무를 볼 수 있다. 내 경우 은행은 현금인출기에서 돈을 찾을 때나 동전을 계좌로 입금할 때 아니고는 거의 가지 않는다.

재테크 불변의 진리 '선 저축 후 지출'

(177)

체크카드
외길 인생

– 신용카드가 진짜로 한 장도 없다!

체크카드를 사용하고 은행과 친해져라

아무리 소비를 권하는 사회라고 하지만, 소비에 끌려다니다 보면 어느 순간 허무해지기 마련이다. 주체적인 소비를 해야 한다. 그래야 내 삶을 내가 운영하고 있다는 뿌듯함과 성취하는 기쁨을 맛볼 수 있다. 주체적인 소비를 위한 가장 쉬운 방법이 신용카드 사용을 줄이는 것이다. 어떤 곳에 얼마가 쓰이는지 느끼기 어려운 신용카드, 득보다 실이 많다. 스스로 카드 관리가 된다면 정말이지 신용카드는 편리하다. 하지만 나는 언제든 확인이 편리하고, 내가 가진 돈에서만 쓸 수 있는 체크카드 사용을 권하고 싶다.

체크카드 한 장만 있어도 다양한 혜택을 누릴 수 있다. 체크카드를 쓸 때마다 포인트가 쌓여 현금처럼 이용할 수 있다. 체크카드를 하나 발급

했다고 해서 그것을 쭉 쓰기보다는 더 좋은 혜택이 있는 체크카드가 나왔는지 살펴보고 갈아타는 것이 더 유리하다. 체크카드나 적금 등 은행 상품은 수시로 바뀌기 때문에 이런 정보를 얻기 위해서도 은행과 친해지는 것이 좋다.

뿌미맘이 추천하는 체크카드

1) 농협 어피치 스윗 체크카드

이 카드는 인터넷 쇼핑몰에서 만 원 이상 구매하면 구매 금액의 3%가 캐시백(현금)되어 내 통장으로 들어온다. 나는 쿠팡을 자주 이용하는 편이라 그 혜택이 쏠쏠하다. 또한 오프라인에서는 스타벅스, 투썸플레이스, 커피빈에서 4% 할인해준다. 올리브영, 랄라블라도 4% 할인해준다. 그 밖

체크카드지만 신용카드 못지않게 혜택이 많다.

체크카드 외길 인생

에 유튜브 프리미엄, 넷플릭스도 5%가 할인된다.

체크카드라서 연회비도 없고 신용카드와 비교해도 혜택이 뒤떨어지지 않는 카드라고 볼 수 있다.

2) 토스뱅크 체크카드

실적과 조건 없이 매일 3,500원을 바로 캐시백으로 받을 수 있다. 편의점, 커피전문점, 패스트푸드, 택시 등에서 3,000원 이상 이용 시 300원 캐시백, 대중교통은 300원 이상 이용 시 100원이 캐시백 된다.

뿌미맘이 추천하는 적금

*금리가 자주 변동되니 수시로 확인해보자.

1) 토스뱅크 〈키워봐요 적금〉

6개월 동안 매주 저금하면 4% 금리를 제공한다. 한 번에 1,000원에서 100만 원까지 저축할 수 있다. 매주 저금에 성공하면 약속된 금리를 제공하는 '미션형 적금'이다. 한 달에 네 번 지정한 날, 즉 같은 요일에 6개월 동안 한 번도 빠지지 않고 저금해야 한다. 잊어버리지 않도록 자동이체로 설정해두는 것이 좋다.

2) NH농협은행 〈샀다 치고 적금〉

소비를 참고 그 돈을 입금해 저축하면 매월 30만 원까지 연 3.35% 금리를 제공한다. 예를 들어 커피를 마셨다고 치고 5,000원 저금, 야식을 먹었다고 치고 1만 원 저금, 화장품을 샀다 치고 2만 원 저금하는 식이다.

하루 3회 입금이 가능하다. 매월 1,000원 이상 30만 원 이내의 금액을 자유롭게 입금할 수 있다.

3) 우리은행 〈우리 200일 적금〉

200일 동안 하루도 빠짐없이 3만 원 이하를 저축하고, 오픈뱅킹 가입 조건을 유지하면 최대 연 3.9% 금리를 제공한다.

4) 카카오뱅크 〈저금통〉

저금통의 금리는 연 10%(세전)이며 저축 한도는 최대 10만 원까지 입금이 가능하다. 금액이 적기 때문에 부담 없이 시작할 수 있다.

5) 케이뱅크 〈챌린지 박스〉

금리는 최대 4%이고 설정 금액은 최소 1만 원에서 최대 500만 원이다. 적금 주기는 7일이고, 케이뱅크 통장에서 자동이체만 가능하다.

코로나와 함께 낮은 금리, 풍부한 유동성으로 유례없이 돈이 많이 풀렸었다. 그리고 이제는 경기침체를 우려하며 그 유동성을 회수하고 있다. 고금리, 저성장 시대로 접어든 것이다. 이러한 시기에는 저축만 한 것이 없다. 이것저것 신경 쓰지 말고 저축에 재미를 붙여보기 바란다. 카페 갈 돈 아껴서 저축, 편의점 갈 돈 아껴서 저축, 야식 안 시켜 먹고 저축! 어떤가? 해볼 만하지 않은가? 통장 계좌에 쌓여가는 돈을 보면 마음까지 풍요로워진다. 소액으로 시작할 수 있는 다양한 상품이 있으니 바로 시작해보기 바란다. 지금 은행 앱을 열어 만 원으로 적금 통장을 개설하는 건 어떨까.

제2금융권과 사금융권에서
돈을 빌리는 것은 생각도 하지 마라

이자가 높은 금융권 대출은 피하는 것이 좋다. 본인이 원해서라기보다 그런 상황이 생기는 경우가 있다는 것도 잘 안다. 하지만 결국엔 상상이상의 횡포로 상처를 받을 수 있으니 조심, 또 조심해야 한다. 자신이 감당할 수 있는 이자가 아니라면 애초에 알아보지도 않는 것이 좋다.

홈쇼핑의 무이자 할부에 속지 마라

홈쇼핑은 무이자 할부라는 달콤한 멘트로 늘 고객을 유혹한다. 그런데 잘 생각해보면 이 또한 빚이다. 그리고 홈쇼핑 구매가 딱히 특별한 혜택을 고객에게 주는 것도 아니다. 우리는 매달 내야 할 금액이 적으니 그 물건을 사도 될 것 같은 착각에 빠지게 된다. 필요하지도 않은데 사은품 때문에, 혹은 가격이 싸서 혹하는 경우가 많다. 하지만 물건을 산 후에는 영락없이 후회를 하게 된다. 그 물건을 사기 전에 잘 쓰지도 않는 물건을 바라보며 다달이 할부금을 내야 할 때의 심정을 상상해보자. 충동적으로 구매하기보다는 구매 전에 물건의 필요를 두 번, 세 번 점검해야 한다.

필요 없는 물건을 애초에 사지 않는 것, 이것 또한 나만의 미니멀 라이프 원칙이다.

돈을 통제하기 위한
미니멀한 방법 총정리

사회생활을 하다 보면 여러 은행에 계좌를 개설하게 된다. 회사마다 주거래 은행이 달라서 이직을 하면 월급통장이 바뀌기도 한다. 그러다 보면 깜빡하고 계좌를 잊고 살기도 한다. 숨어 있는 돈을 찾는 방법이 있다. '어카운트인 포(계좌통합관리)' 애플리케이션을 깔고 확인해보면 그동안 숨어 있던 돈을 확인할 수 있다. 은행에 직접 가지 않아도 내 계좌로 숨은 돈을 입금 받을 수 있다.

사실 나는 이 시스템이 구축되기 전에 잊고 지냈던 계좌를 정리했었다. 현재 이용하는 주거래 은행 이외의 은행 계좌는 모두 해지하고 조금씩 남아 있던 잔액도 모두 출금했다. 물론 개인정보 삭제도 요청했다. 제1금융권(우리은행,

국민은행, 신한은행, 하나은행, 기업은행, 씨티은행, 농협은행 등)은 이자 차이가 그리 크지 않아 자신의 주거래 은행을 이용하는 것이 합리적이다. 또한 거래 실적이 쌓이면 혜택은 덤으로 따라온다.

주거래 은행을 잘 이용하면 타 은행 송금 수수료 면제, 현금인출기 수수료 면제 등의 혜택을 받을 수 있다. 일반적으로 급여통장에 이 모든 혜택이 주어진다. 하지만 고정 급여가 없는 나 같은 전업주부도 주거래 통장이 있으면 수수료 면제, 적금 통장 이율 우대 등 혜택을 누릴 수 있다. 그렇기에 여러 은행에 계좌를 개설하기보다 한 은행의 혜택을 이용하는 것이 효율적이다.

미니멀한 돈 관리 비법

---

1. 주거래 은행 이용하기

2. 목돈이 생기면 무엇을 할지 미리 생각해두기

   (예: 대출 원금 갚기)

3. 3개월 평균 지출액을 점검해 매달 생활비 파악하기

4. 평균적인 생활비만 생활비 통장에 넣고 체크카드 사용하기

5. 신용카드는 14일로 청구일을 설정하거나 선결제 이용하기

6. 모바일 뱅킹 혜택 이용하기

7. 선 저축 후 지출 기억하기

매달 월급은 들어오는데 카드 청구액이 빠져나간 후 남는 돈이 없다면? 분명 과소비도 하지 않았는데 매달 생활이 쪼들리는 기분이 든다면? 오늘 지난 3개월의 지출 내용을 뽑아서 내가 어디에 돈을 썼고, 총 얼마를 썼는지 파악해보기 바란다. 매일 마시는 커피 한 잔, 매일 편의점에 들러 무심코 샀던 먹을거리 하나가 한 달 합산 금액으로 보면 적지 않을 것이다. 돈을 쓰지 않았는데 통장에 잔액이 없을 리 없다. 다만, 어디로 내 돈이 흘러가는지 모를 뿐이다. 돈을 통제할 것인가, 아니면 돈에 통제당할 것인가? 그 선택권은 바로 우리 자신에게 있다.

"

무작정 있으면 좋을 것 같아서

없는 것보다 나을 것 같아서

덮어놓고 산 뒤에 안 쓰는 물건이 얼마나 많던가?

필요가 구매로 이어져야지,

반대로 구매로 필요를 만들면 안 된다.

"

2-3

건강에도 미니멀의 원칙이 있다

내 인생
세 번의 다이어트

약한 체질은 아니다. 하지만 소리에 무척 예민하고 보기와 다르게 겁이 많다. 보통 사람보다 심장이 약해서 그렇다고 한다. 중1 때부터 불면 증에 시달렸다. 항상 그런 건 아니었지만 또래 아이들과 다르게 잠을 잘 자지 못했다. 불면의 고통이 얼마나 큰지는 겪어본 사람만이 안다. 중·고등학교 시절을 남모를 고통 속에서 보내며 남다른 건강 철학이 생겼다. 노력해도 안 되는 것이 바로 잠이라는 말이 있듯 숙면은 늘 간절한 꿈이 었다. 일찌감치 운동의 중요성을 깨달은 건 건강과 평안한 잠을 얻기 위 해서였다.

대학에 들어가 테니스 동아리에 가입한 이유도 꾸준한 운동이 절실 해서였다. 규칙적으로 운동을 했던 대학 시절에 나는 가장 건강했고 잠도 잘 잤다. 아침 운동을 위해 매일 새벽 여섯 시에 일어난 덕에 밤잠을 깊이 잘 수 있었다. 그 무엇보다 숙면을 원했기에 운동을 사랑할 수밖에 없었다.

대학교 졸업 이후에는 이런저런 여건상 테니스를 치지 못했다. 거기에 시험공부를 핑계로 야식, 간식을 많이 먹었다. 결국 졸업 후 3개월 만에 무려 18kg이 늘었다. 경도 비만이 되고 나니 아픈 곳이 많았다. 하루가 멀다 하고 발목을 삐끗하고 요통도 심해졌다. 몸이 무거울수록 운동과 멀어졌다. 결국 스트레스가 쌓이고 스트레스는 폭식으로 이어졌다. 악순환의 반복이었다.

계속 이렇게 살 수 없다고 생각했다. 모델처럼 날씬한 몸매를 원한 게 아니다. 그저 건강하게, 내가 내 마음에 들기를 바랐다. 스트레스 없이 잘 자던 대학 시절로 돌아가고 싶었다. 하지만 누구나 그렇듯 종일 운동을 하고 건강에만 매달릴 수 있는 처지는 아니었다. 무리하지 않는 선에서 할 수 있는 다이어트 방법을 찾아야 했다. 일상을 유지하면서도 몸을 건강하게 만드는 것. 그것이 나의 미니멀 다이어트다.

158cm 키에 73kg으로 시작한 첫 번째 다이어트. 무리 없이 시작할 수 있는 운동은 걷기였다. 처음에는 30분으로 시작해 한 시간까지 늘렸다. 2년을 꾸준히 걸으니 55kg까지 감량할 수 있었다. 세 끼는 다 챙겨 먹었다. 물론 양은 줄였다. 부담 없이 할 수 있는 다이어트였다. 시간이 오래 걸리긴 했지만 2년 동안 꾸준히 감량한 결과 가벼운 몸과 건강을 얻을 수 있었다. 몸이 가벼워진 뒤에도 걷기는 계속했다. 덕분에 요요 없이 10년 동안 몸무게를 유지할 수 있었다.

그러다 첫째 아이를 출산하고 두 번째 다이어트를 해야 하는 시기가 찾아왔다. 임신 때 체중이 14kg이 늘었는데 걷기 운동으로 10개월 만에 18kg을 감량했다. 아이와 24시간 붙어 있었지만, 유모차를 끌고 수시로 밖으로 나갔다. 운동할 시간이 없다며 불평하기보다 내 상황에서 최선을 다했다. 돈이 없어도, 시간이 없어도 할 수 있는 운동이 바로 걷기였다. 유모차에 아이를 태우고 걷고 또 걸었다. 햇빛을 받으니 육아 우울감도 많이 해소되었다.

둘째를 낳고도 어김없이 다이어트를 시작했다. 세 번째 다이어트다. 유모차에 유모차 라이더를 달고 밀며 운동했다. 분명 한 명일 때보다 훨씬 힘들었다. 하지만 핑곗거리는 만들면 만들수록 늘어난다. 아이를 대신 돌봐줄 사람이 없다고, 헬스장에 다닐 형편이 못 된다고 불평하기보다는 지금 바로 할 수 있는 운동을 실천하려고 늘 노력한다. 그때 내가 선택할 수 있었던 최고의 운동은 유모차를 밀며 걷는 것이었다.

걷다 보면 자연의 변화를 느낄 수 있고 사색의 순간도 찾아온다. 그리고 아이디어도 잘 떠오른다. 내 건강을 위한 시간이지만, 아이들 정서에도 좋은 영향을 미친다. 사계절의 아름다움을 함께 감상하며 아이들과 걸으면 친밀감도 깊어지고 소통할 거리가 늘어난다. 아름다운 꽃들을 바라보며 서로 미소 짓는다. 아이가 커갈수록 나눌 수 있는 이야기가 늘어나고 있다. 몸이 가벼워지고 마음까지 풍요로워지는 걷기를 어찌 멈출 수 있을까.

그렇지만 세 번째 다이어트는 만만치 않았다. 매일 유모차를 밀며 걸었지만 첫째 때처럼 살이 쉽게 빠지지 않았다. 코로나19 때문에 집에 머무는 시간이 길어지다 보니 오히려 살이 찌는 상황이 되어버렸다. 몸과 마음이 나날이 무거워졌다. 그래도 포기하지 않았다. 첫째가 초등학교 2학년이 되고, 동시에 둘째도 다섯 살부터 어린이집에 가기 시작했다. 온라인 줌

수업이 끝나고 아이들이 학교와 어린이집에 가기 시작한 바로 그다음 날부터 걷기 시작했다. 매일 계단을 오르고 한 시간씩 걷고 또 걸었다. 3개월 동안 하루도 빠짐없이 운동을 했다.

　동시에 간헐적 단식을 시작했다. 저녁을 먹지 않고 공복을 열여섯 시간 유지하는 16:8 간헐적 단식이었다. 3개월 후, 64kg으로 시작한 몸무게는 5kg이 빠져 59kg이 되었다. 여기서 다이어트는 끝나지 않았다. 53kg 표준 체중이 내 목표다. 그래서 지금도 매일 걷고 있다. 16:8 간헐적 단식도 실행 중이다. 아이들과 남편의 저녁을 차리며 매일 매 순간 먹고 싶은 충동에 휩싸인다. 하지만 마음을 가다듬고 물과 우유를 마시며 식욕을 잠재운다.

　냉장고 앞에 내가 써둔 종이를 바라본다. 그 종이에는 이렇게 쓰여

매일 올라가서 체중의 변화를 체크한다.

있다. "이번 여름에도 원피스 안 입을 거니?" 그렇다. 3년 전에 새로 산 오렌지빛 원피스를 여태 못 입고 있다. 하지만 곧 다이어트에 성공해서 그 원피스를 입고 싶다. 평일에는 아이들을 학교와 어린이집에 보내고 MKTV 강의를 들으며 한 시간씩 걷는다. 다이어트는 기나긴 여정이다. 살은 어느 한순간에 뿅 하고 빠지지 않는다.

체중은 원만한 기울기로 일정하게 줄어들지 않는다. 계단식으로 단계적으로 빠진다. 그걸 알기에 몸무게가 빠지지 않는 정체기를 지혜롭게 이겨내려고 한다. 몸은 정직하고 꾸준히 운동을 하면 선물을 준다는 걸 알기 때문이다. 2개월 동안 4kg을 감량하는 것이 지금의 목표이다. 그 목표를 위해 비가 내리면 우산을 쓰고 걷고, 햇빛이 강렬하면 선글라스를 쓰고 걷는다. 무리하지도, 그렇다고 멈추지도 않을 것이다. 일상 속에서 꾸준히 운동하는 것, 그것이 내 다이어트 방식이다.

이번 여름에는 꼭 입을 수 있도록 오늘도 걷는다.

(circled) 2

엄마가 되었어도
나는 나를 가장
사랑한다

•

마흔셋, 어느덧 40대다. 서른다섯 살에 첫째를 출산하고 4년 후인 서른아홉 살에 둘째를 출산했다. 늦은 나이에 아이를 낳았기에 더욱더 건강관리에 심혈을 기울이고 있다. 여기서는 애 둘 엄마인 나만의 건강관리 방법에 대하여 이야기해보려고 한다.

둘째를 갖기 전부터 몸 관리를 시작했다. 6개월 동안 몸과 마음의 준비를 한 후 임신을 시도했다. 늦은 나이이기에 더욱더 준비가 필요하다고 느꼈다. 아이를 키우면서 육아는 첫째도 둘째도 체력이라는 것을 뼈저리게 느꼈다. 그래서 체력을 어느 정도 만든 후 둘째 갖기를 시도해야 한다고 생각했다. 그 시절 매일 운동을 했고 영양 가득한 식단으로 잘 챙겨 먹었다. 엽산도 매일 먹었다. 그렇게 6개월을 준비한 후 얼마 지나지 않아 감사하게도 둘째가 찾아왔다.

두 번째로 산후조리에 심혈을 기울였다. 둘째를 낳은 엄마들은 모두 공감하겠지만 산후조리가 첫째 때만큼 쉽지 않다. 첫째를 돌봐야 하기 때문이다. 그런데도 산후조리원에 있을 수 있는 2주를 꽉 채워 최대한 몸과 마음의 휴식을 취했다. 그리고 정부에서 지원하는 한 달 산후도우미 제도를 활용했다. 기한이 끝난 후 한 달을 더 연장했다. 첫째가 병설 유치원에 다녀서 여름 방학이 한 달이었다. 도저히 두 아이를 온종일 돌볼 수 없을 것 같아 다시 한 달을 연장했다. 친정엄마에게 재정적 지원을 받았다. 그 덕분에 유난히 더웠던 7, 8월을 무사히 보낼 수 있었다. 물론 산후도우미분이 퇴근하시는 평일 저녁 여섯 시부터는 전쟁이었고, 주말은 더욱더 치열했다. 첫째를 돌보느라 산후조리를 온전히 하기가 어려웠지만, 산후도우미분이 계실 때는 반드시 낮잠을 자며 체력을 비축했다.

셋째, 산욕기가 끝난 후 산후 다이어트를 시작했다. 출산 후 몸 상태가 분만 전 상태로 돌아가는 6~8주 기간을 산욕기라고 한다. 무리하게 살을 빼고자 한 게 아니라 내 몸을 더욱더 건강하게 만들기 위한 프로젝트였다. 지금도 매일 아침 유산균, 오메가3, 비타민을 챙겨 먹는다. 아이들에게 유산균을 챙겨주면서 나 자신을 위한 영양제도 챙긴다. 영양제를 꾸준히 먹은 덕분인지 덜 피곤하고 에너지도 넘친다. 또한 수분을 많이 섭취하려고 노력한다. 컵이 아닌 물병에 물을 담아 가까이 두고 수시로, 자주 마신다. 피부도 덜 건조해지고 변비도 생기지 않아 좋다.

넷째, 과일은 매일 챙겨 먹는다. 사과는 1년 내내 먹는다. 추가로 제철에 맞는 과일을 매일 먹는다. 피부에도 좋고 건강한 에너지가 생기는 느낌이다. 5년 전 첫째 때도 그랬지만 둘째를 낳고 잘 챙겨 먹으려고 했다. 저녁은 간헐적 단식 때문에 먹지 않지만 아침과 점심은 영양이 풍부하게 골고루 잘 챙겨먹으려고 늘 노력했다. 아이를 안고서라도 먹었다. 아이를 돌보려면 체력 없이 하루도 버틸 수 없다. 그래서 주 1회 생선, 고기를 반찬으로 먹으려고 노력한다. 채소도 항상 먹으려고 한다. 이렇게 내 몸을 챙기지 않았다면 아마 버티지 못했을 것이다.

다섯째, 매일 아침 샤워를 하고 매일 간단하게 화장을 한다. 두 아이 육아에 바쁘지만 간단한 화장을 거른 날은 거의 없다. 아이들의 피부가 소중한 만큼 내 피부도 소중하다. 투명한 메이크업을 지향하는데 요즘에는 선크림, 비비크림+프라이머를 바르는 초간단 화장을 한다. 거기에 립스틱과 립글로스만 발라주면 투명하면서 생기 있는 화장이 완성된다.

여섯째, 매일 한 시간 이상 걷는다. 첫째를 초등학교에 데려다주고, 둘째를 어린이집에 데려다준 후 무조건 걷는다. 탄천을 걷기도 하고 장을 보기 위해 이곳저곳을 들르며 생활 속에서 걷기를 실천하고 있다. 몸이 가벼워지고 머리가 맑아지며 체력까지 강해진다.

일곱째, 주 1회 한 권 이상 도서관에서 책을 빌려서 독서를 한다. 유튜브에서 배우고 싶은 분야의 강의를 듣는다. 독서와 강의 듣기는 그 어떤 것보다 나의 건강을 지켜준다. 적어도 내게 있어서는 이 강의 듣기가 건강 관리의 백미다. 머리에 신선한 자극을 주는 일은 활기찬 생활을 하는 데 큰 힘이 되어준다.

마지막으로, 아프면 미루지 않고 바로 병원에 간다. 둘째를 낳고 육아를 하며 손목 통증이 시작되었다. 토요일에라도 꼭 물리치료를 받으러 갔다. 육아로 인해 약해진 몸을 그냥 내버려두지 않았다. 잘 보살핀 덕분인지 손목 통증이 많이 나아졌다. 엄마, 아내로서의 내가 아니라 본연의 나를 마음껏 사랑해줘야 한다. 그래야 몸도 마음도 튼튼히 유지할 수 있다.

30대의 마지막 생일에는 아이 둘을 데리고 호텔 스테이를 했다. 사랑하는 나에게 내가 주는 선물이었다. 아이들이 다 자란 그 언젠가가 아닌 바로 지금, 이 순간 나를 사랑해주고 싶다.

건강한 몸과 건강한 마음은 사실 나를 사랑하는 마음에서 나온다. 내가 나를 사랑하지 않으면, 어떻게 내 건강을 챙기고 보살필 수 있을까. 나 자신이 마음에 들지 않는다면 어떻게 아이들을 온전히 보듬을 수 있을까. 앞서 여러 가지 건강관리 방법을 이야기했지만 그 중심에는 나를 사랑하는 마음이 있다. 거기서부터 모든 것이 시작된다.

3

전업주부가
매일 아침 화장을 하는 이유

　　매일 아침 샤워와 화장을 거르지 않는다. 출근할 곳이 없는 전업주부지만 매일 변함없이 그렇게 한다. 둘째가 태어난 후에도 아침 샤워를 빠뜨리지 않았다. 솔직히 아침 시간은 무척 바쁘다. 특히 첫째 초등학교 등교 준비, 둘째 어린이집 등원 준비까지 하려면 말 그대로 눈코 뜰 새가 없다. 그런데도 아이들보다 일찍 일어나 샤워를 하고 머리를 감는다. 욕실 문을 열어두고 5분 만에 끝내는 샤워지만 꼭 필요한 시간이다. 혹여 머리를 감지 못한 날에는 모자를 써야 하는데, 그러면 싱그러운 아침 바람을 온전히 느낄 수 없다. 바람이 머리카락을 쓸어올리는 상쾌한 순간은 그 무엇과도 바꾸고 싶지 않다. 그럴 때면 지난밤의 피로가 사르르 녹아 없어지는 것 같다.

　　아침 샤워 직후, 로션을 손등에 짜서 바른다. 그리고 아침을 먹고 이를 닦은 후 아이는 옷을 입고 나는 그 옆에서 화장을 한다. 평소에는 로션에 선크림을 바른다. 특별한 날에는 프라이머와 비비크림을 바르고, 립스틱, 립글로스로 마무리한다. 5분도 걸리지 않는다. 쓱쓱 바르고 진분홍 립스틱과 반짝이는 립글로스로 마무리. 간단하기 때문에 요즘은 별일 없어도 화장하는 날을 늘리고 있다. 화장하면 많은 사람이 어디 가느냐고 묻는다. 하지만 전업주부인 내가 아침에 가는 곳은 첫째의 초등학교, 둘째 어린이집, 탄천, 마트가 전부다. 당연히 나를 눈여겨보는 사람은 없다.

나는 나를 위해 샤워를 하고 화장을 한다. 마흔이 넘어가니 그동안 없던 흰머리가 하나둘씩 생기기 시작했다. 처음 흰머리를 발견한 날은 살짝 우울했다. 마음은 청춘인데 어느새 내 몸은 조금씩 나이 들어가고 있었다. 둘째 임신 때 쪘던 살이 아직 남아 맞는 옷이 없다. 불어난 살은 하루 이틀에 뺄 수 없으니 얼굴이라도 신경을 써야겠다고 생각했다. 다른 누가 아닌 나를 위해서. 나조차도 날 사랑하지 않는다면 누가 날 사랑할 수 있을까?

머리를 깨끗이 감고 정성껏 빗질하는 행위는 나를 아끼는 마음의 표현이다. 칙칙하고 건조해진 피부에 수분을 공급해준다. 선크림과 비비크림을 발라 환하고 생기 있게 만들어준다. 이 역시 내 피부에 대한 사랑의 표현이다. 날 바라봐주는 사람이 없어도, 특별히 갈 곳이 없어도 화장을 하는 이유이다.

남편도 처음에는 나의 이런 모습을 의아해했다. 주말에도 한결같이 샤워하고, 화장을 하기 때문이다. 그런 남편에게 나는 이것이 스스로를 예뻐해주는 방법이라고 말했다. 타인의 눈이 아닌 내 눈에 예뻐 보이는 사람

전업주부가 매일 아침 화장을 하는 이유

이 되고 싶다. 다른 사람을 의식하면 남들의 평가에 기분이 좌지우지되지만, 나 자신을 위한 일에는 감정적인 소모가 일어나지 않는다. 타인이 칭찬해준다면 그것은 덤으로 얻는 기쁨이다. 아이가 둘이어도, 전업주부라도, 마흔셋의 아줌마일지라도, 내 인생에서만큼은 내가 주인공이다.

'우리는 누구나 자기 인생의 영웅이 될 수 있다'

《블리스, 내 인생의 신화를 찾아서》

　　최근 읽은 책에 나온 조지프 캠벨의 이 말이 오랫동안 내 마음에 머물렀다. 그렇다. 우리는 누구나 우리 인생의 영웅이 될 수 있다. 아침에 샤워를 하고 화장을 하는 작은 행동도 내 인생의 영웅이 되어가는 한 걸음일 것이라고 믿는다.

4

거울 속의 내 모습

이런 이야기를 하자니 살짝 부끄럽다. 하지만 정말로 나는 내 외모가 마음에 든다. 연예인처럼 예쁘지 않아도 충분히 자신의 외모에 만족하며 살 수 있다. 물론 내게도 흑역사는 있다. 평범한 나와 달리 친정엄마와 여동생은 어딜 가든 주목받을 정도로 외모가 수려했다. 그 때문에 어린 시절, 비교 아닌 비교를 많이 당했고 상처도 많이 받았다.

"동생이랑 하나도 안 닮았네? 동생은 왜 이렇게 예뻐?"

수백 번도 더 들은 저 이야기는 내 마음에 열등감을 심어주었다. 나는 아무런 생각도 없는데 주변에서 끝없이 나랑 동생을 비교하니 나도 모르게 마음이 작아졌다. 유독 높은 동생의 코와 다르게 동글동글한 내 코가 싫었다. 당시 난 통통했고 안경까지 썼다. 반면 동생은 날씬했고 렌즈를 꼈다. 처음 보는 사람이라면 자매끼리 안 닮았다고 생각할 만했다.

중학교 3학년 사회 시간이었다. 사회 선생님이 수업 시간에 뜬금없이 반 친구들 앞에서 내 동생 외모를 칭찬했다. 동생과 같은 중학교를 다닐 때였다. 얼굴이 울그락불그락해졌고 속이 불타는 것 같았다. 수업이 끝난 후 교무실을 찾아갔다. 그리고 선생님께 정중히 요청을 드렸다. "친구들 앞에서 제 동생 외모와 제 외모를 비교하는 말씀은 안 하셨으면 좋겠어요. 외모가 다르다는 이유로 열등감이 많이 생겼거든요. 부탁드립니다." 사회 선생님은 미처 생각하지 못하셨다며 다음부터는 그러지 않겠다고 약속하셨다.

상처를 받았다고 해서 마냥 숨어서 슬퍼하지 않았다. 부당하다고 생각하면 꼭 이야기했고, 그러면서 자존감을 지켜나갔다. 그러던 어느 날이었다. 그동안 동글동글한 내 코가 불만스러워서 코에만 신경을 썼는데 갑자기 내 눈이 보이기 시작했다. 눈이 맑고 반짝인다는 이야기는 전에도 많이 들었다. 자연스러운 쌍꺼풀이 있는 내 눈. 그랬다. 매번 코를 보며 불만을 품었지만 내게는 예쁜 눈이 있었다. 내게도 좋은 부분이 있다고 생각하니 동글한 코까지도 귀엽게 느껴졌다.

나와 인연을 맺은 내 얼굴이 좋다. 누군가의 평가에 신경이 쓰일 때도 있지만, 그 사람의 말이 정답은 아니다. 내가 내 얼굴을 아껴주고, 만족해하면 그뿐이다. 우리나라 최고 미인이라고 할 수 있는 여배우의 인터뷰를 본 적이 있다. 그런데 그녀는 자신의 외모에 불만이 있다고 했다. 누구나 칭송하는 외모를 가진 그녀도 불만이 있다니, 사람 만족은 다 생각에 달린 게 아닐까. 난 그녀처럼 예쁘지 않지만 내게는 진정으로 불만이 없다.

우린 누구나 세상에 하나밖에 없는 별처럼 소중한 존재이다. 저마다의 자태와 향기를 품은 유일한 사람이다. 자신을 사랑하고 예뻐해주자. 그러면 없던 행복도 생겨난다. 오늘은 거울을 보며 나와 이야기를 나누어보면 어떨까? 너는 눈이 참 예쁘구나, 오밀조밀한 눈코입이 사랑스럽네, 하고 말이다.

3부

소박한
미니멀리스트가
꿈꾸는 미래

Minimal Life

나 홀로 독서
그리고 MKYU 19학번

학창 시절에 하는 공부만이 공부라고 생각하지 않는다. 사람은 나이 들어서도 공부를 해야 하고, 오히려 나이 들수록 공부해야 한다. 그래야 닳고 낡아지지 않을 수 있다. 나는 성취 욕구가 강해서 뭐든 공부하고자 하는 의지가 강한 편이다. 그런데 사실 어떤 공부를 어떻게 시작해야 할지 잘 몰랐다. 그럴 때 가장 좋은 길잡이가 되어주는 것이 바로 책이다. 공부의 시작은 바로 독서였다. 그저 읽는 데 그치지 않고 독후감을 쓰는 일도 게을리하지 않았다. 2018년, 1년 동안 52권의 책을 읽고 모두 독후감을 블로그에 기록했다.

그리고 2019년, MKTV에서 운영하는 유튜브 대학 MKYU를 알게 되었다. 유료 멤버십을 결제한 후 차근차근 따라갔다. 매주 한 권의 책을 읽는 〈북드라마〉, 꿈을 돈으로 탄생시키는 〈드림 머니〉, 〈인간관계 대화법〉

등 총 세 과목이다. 유튜브로 강의를 듣고 성실히 과제를 수행했다. 과제를 하면서 크리에이터의 꿈에 조금씩 다가갈 수 있었다. 실제로 19학번이 되어 MKYU의 커리큘럼을 따라가며 한 공부가 나의 유튜브를 성장시키는 데 많은 도움을 주었다. 내 두 번째 명함이 크리에이터, 인플루언서가 될 수 있었던 것도 그 덕분이다.

6개월간 성실히 공부했다. 그리고 기말고사 기간이 다가왔다. 기말고사 과제 중에서 우수 과제를 뽑아서 세 사람에게 해외연수 장학금을 주는 제도가 있었다. MKYU에 들어갈 때부터 '해외연수 장학금을 받자'는 목표를 세웠었다. 내 버킷리스트 중 하나가 세계 곳곳을 돌아다니며 다른 세상을 직접 느끼는 것이다. 하지만 우리 집 경제 형편으로는 5년에 한 번 해외여행을 가기도 힘들다. 그런 내게 이렇게 좋은 기회가 또 없었다.

처음 이 공부를 시작할 때 둘째는 생후 6개월이었다. 밤중 수유를 하면서도 매일 새벽 네 시에 일어나 수업을 듣고, 과제를 수행했다. 뚜렷한 목표가 있었기에 그럴 수 있었다. 그리고 설혹 우수 과제 제출자 세 명 안에 들지 못한다고 해도 내 성장에 많은 도움이 되리라고 생각했다. 평소에는 밤 아홉 시면 잠들었지만, 우수 과제를 뽑는 그날은 라이브 방송을 듣기 위해 밤 열 시를 설레는 마음으로 기다렸다. 솔직히 반신반의하고 있었다. 그런데 김미경 학장님이 정말로 내 이름을 불러주셨다. 몇 번을 확인하고 또 확인했다. 아이들이 모두 잠든 시간, 혼자 소리를 삼키며 환호했다.

사실 기말고사 과제를 제출하는 데에도 우여곡절이 많았다. 둘째가 돌이 지나자 밤마다 울기 시작했다. MKYU 공부하랴, 블로그 운영하랴, 유튜브 운영하랴 너무 지쳐 있었다. 아이들을 챙기기 위해 친정으로 갔지만 상황이 눈에 띄게 나아지진 않았다. 6개월 동안 정말이지 열심히 과제를 수행하며 달려왔는데, 기말고사 과제를 제출하지 못하면 말짱 도루묵이 되는 상황이었다. 상황이 이런데도 그때 나는 이유 없이 불안했고, 키보드 하나도 누르지 못할 만큼 무기력했다. '과제…, 내지 말까?' 하는 생각이 덮쳐왔다. 하지만 밤중 수유를 하며 공부했던 지난 시간을 생각하면서 어떻게 해서든 이 기말고사를 끝내야 한다고 마음 먹었다.

마음이 불안하고 한 문장도 진도가 나가지 않는 한여름의 새벽. 힘들게 한 글자 한 글자 써나갔다. 평소 컨디션이라면 금방 해치울 수 있었겠지만, 그날 새벽에는 몇 시간을 꼬박 기말고사 과제에 매달렸다. 최악의 컨디션에서 썼기에 당연히 과제는 마음에 들지 않았다. 머릿속이 하얘지고 아무 생각도 들지 않았다. 바보가 된 기분이었다. 과제만 제출하자는 목표로 그 시간을 견뎌냈다.

손가락을 덜덜 떨며 써 내려간 부족한 기말고사 과제. 그 과제가 우수 과제가 될 거라고는 상상도 못 했다. 그저 과제를 낸 것만 해도 다행이라고 생각했다. 공들인 6개월이 한순간에 날아가는 기분이었지만 아픈 가운데서도 어렵게 과제를 끝낸 자신을 토닥였다. 그렇게 어렵게 제출했는데 우수 과제로 뽑혔으니 기분이 어땠을까?

이후 해외연수 계획서를 제출하고 장학금까지 받았다. 하지만 코로나19로 인해 해외는 갈 수 없었다. 아쉽지 않았다면 거짓말이겠지만, 그래도 포기하지 않고 끝까지 해냈다는 데 말로 다 할 수 없는 뿌듯함을 느낀다.

때로는 아무것도 못 할 것 같은 기분에 사로잡힐 때가 있다. 그래도 파도를 타듯 고비를 넘겨가며 할 수 있는 데까지 최선을 다하면 보상은 자연스레 따라온다. 그 보상이 외부적인 인정일 수도 있지만, 그보다는 나의 내부에서 일어나는 변화가 더 중요하다. 나도 해낼 수 있다는 자신감, 자신에 대한 신뢰야말로 공부하고 목표를 향해 나아가는 데 든든한 뒷배가 되어준다. 그만 멈추고 싶을 때 딱 한 걸음만 더. 그게 나의 공부 원칙이다.

아이들이 있어
공부하는 길이 험난해도

MKYU 이전에는 경제적 이유로 유료 강의를 듣지 못했다. 하지만 공부를 하고 싶다는 열망이 나날이 커져 외면할 수 없었다. 결제를 하기까지는 꽤 큰 결심이 필요했다. 그런데 문제가 있었다. 그때 둘째가 어린이집에 다니지 않을 때였다. 강의 시간은 오전 10시~오후 1시. 집중해서 듣고 싶었지만 강의가 이어지는 세 시간 내내 한시도 앉아서 강의를 들을 수 없었다. 이어폰을 귀에 꽂았지만 강의에만 집중하기가 도무지 힘들었다. 나중에는 둘째가 울어서 결국 아이를 유모차에 태우고 복도로 나가야 했다. 유모차를 밀며 복도를 왔다 갔다 하면서 강의를 들었다. 다행히 유모차에서는 아이가 가만히 잘 있어 주었다. 복도를 오가는 외중에도 강의 내용을 놓치기 싫어 귀를 쫑긋 세웠다.

누군가 "왜 그렇게까지 하며 공부하냐"라고 물을 수도 있다. 그렇다면 이렇게 말할 것이다. 내게는 꿈이 있다. 그것도 아주 명확하고 뚜렷한 꿈. 마흔에 비로소 내 꿈을 찾았다.《연금술사》의 산티아고처럼 여러 곳을 돌아다니다가 비로소 꿈을 만났다. 그런데 어찌 아무것도 하지 않고 가만히 있을 수 있을까? 그 꿈을 이루든, 이루지 못하든 그건 그다음 문제다.

지금은 꿈을 현실로 바꾸기 위해 내가 할 수 있는 한, 모든 것을 실천할 따름이다. 그래서 아이를 안고서라도, 유모차에 태워 밀어가면서라도 강의를 들었다. 내가 가는 길이 비록 아이들 때문에 험난할지라도 멈추지 않을 것이다. 꿈을 찾아가는 과정 자체가 설렐뿐더러 내 꿈을 확고히 믿기 때문이다.

앞으로도 나의 꿈을 위해서라면 금전적 투자와 시간을 아끼지 않으려고 한다. 나날이 발전하는 내가 되고 싶다.

2

공간이나 장비가
없다고 해도

코로나19 때문에 아이들이 초등학교에 가지 못하고 화상수업을 하던 시기, 컴퓨터 화면 너머로 보이는 깨끗한 빈 벽이 있느냐 없느냐로 그 집의 재정적 상태가 드러난다는 이야기를 들었다. 자질구레한 생활의 흔적, 빽빽한 살림살이로 가득한 집에서 아무것도 없이 텅 비어 있는 벽 하나를 찾기가 힘들다고들 했다. 공간의 제약이 없는 온라인 수업이라고 하지만, 어떻게 보면 또 다른 공간의 제약이 있었던 셈이다. 이처럼 공간은 직접적이든 간접적이든 중요한 역할을 한다.

내게는 '자기만의 방'이 없었다. 거실도 없고 방 두 개뿐인 작은 집에서 블로그와 유튜브를 시작했다. 뭔가를 조용히 생각하며 책을 읽거나 글을 쓰고 아이디어를 생산해낼 수 있는 공간이 따로 없었다. 그렇다면 나는 어디에서 나의 시간을 계획했을까? 책상이 없는 나는 10년 된 2인용 식탁에서 내 꿈을 그렸다. 우리 집에는 2011년 결혼 당시 10만 원 주고 산 2인용 식탁이 있다. 이 식탁은 참으로 많은 역할을 한다.

그 식탁에서 식사하고, 공부하고, 둘째에게 분유를 먹이며 책을 읽었다. 식탁 위에는 가계부, 수첩, 현재 읽는 책, 셀카봉이 있다. 최대한 편한 자세에서 분유를 먹이기 위해 의자에 수유 쿠션, 베개, 발 받침대를 항상 두었다. 식탁 위에 책을 두고 분유를 먹이며 틈틈이 책을 읽었다. 5분도 안 되는 짧은 시간에 책을 보면 얼마나 보겠느냐고 생각할 수도 있다. 하지만 아기는 두 시간마다 분유를 먹기에 책을 읽을 기회가 자주 찾아왔다. 그 작은 시간을 모아 책 한 권을 읽었다. 24시간 두 아이와 붙어 있을 때는 책 읽을 시간이 항상 부족했다. 그렇기에 이렇게 틈틈이, 짧은 시간 몰입해가며 책을 읽었다.

셀카봉에 스마트폰을 끼우고 강의를 들었다. 유튜브 강의를 비롯한 모든 강의는 집안일을 하거나 분유를 먹이면서 귀로 듣거나 가끔 화면을 흘끗거리며 본다. 아직까지도 마음 편안히, 그 어떤 방해도 없이 강의만 듣기는 힘든 상황이다. 재작년에는 노트북조차 없었다. 하지만 강의 듣기, 블로그 글쓰기, 유튜브 촬영, 편집 모두 스마트폰 하나로 충분했다.

작고 낡은 식탁이지만 꿈을 꾸고 키우기에 부족함이 없다. 이 작은 공간에서 나는 꿈의 밑그림을 그리고 예쁘게 색을 칠해간다. 당장 바꿀 수 없는 상황을 불평한들 무엇이 달라질까? 작은 집에 책상을 들인다고 행복해질까? 넉넉하지도 않은 형편에 필요하다고 무조건 노트북을 사면 행복해질까? 필요한 것은 물리적 공간과 경제적 상황이 뒷받침되었을 때 사도 늦지 않다.

책상이 없다고, 내 방이 없다고 해서 아이디어가 오지 않는 게 아니다. 장소와 상관없이 어느 곳에서나 아이디어는 팍팍 떠오른다. 아이 둘을 유모차에 태우고 걷다가 아이디어가 떠오르면 그 즉시 유모차를 세우고 핸드폰 메모장에 적는다. 실제로 집에서보다 밖에서 아이디어가 잘 떠오른다. 무언가를 시작하거나 도전할 때 장비나 공간보다 중요한 것은 열망이다.

2년 전 유튜브로 얻은 의외의 수익으로 노트북을 샀다. 간절히 원하던 것을 손에 넣으니 기쁨이 남달랐다. 쉽게 얻는 것은 쉽게 다뤄진다. 하지만 마음속으로 간절히 원하던 것은 쓸 때마다 애틋한 기분이 든다. 아끼고 소중히 다룰 수밖에 없다.

처음 테니스를 배웠을 때가 생각난다. 아버지가 예전에 쓰시던 낡고 무거운 라켓을 사용했다. 대학교 1학년, 테니스 동아리에 들어가서도 15년이 넘은 그 라켓을 사용했다. 그로부터 1년 후, 포핸드, 백핸드를 어느 정도 소화한 그 시점에 내 생애 처음으로 '나만의 라켓'을 샀다. 아르바이트를 해서 모은 돈으로. 그때를 잊을 수 없다. 스물한 살, 대학교 2학년, 꽃비가 내리던 4월의 어느 날, 그동안 쓰던 낡고 투박하고 무겁기까지 했던 라켓이 아닌 봄 하늘을 닮은 하늘색 라켓을 손에 쥐고 뛸 듯이 기뻤다. 그날 밤 나는 기숙사에서 라켓을 꼭 안고 잤다. 그때 샀던 하늘빛 라켓은 20년이 지난 지금도 내 곁에 있다.

작년에 무료로 테니스 수업을 들을 때도 그 라켓과 함께했다. 20년지기 내 친구 라켓. 다시 테니스를 본격적으로 배우는 날이 오면 더 예쁘고 가벼운 라켓으로 바꾸고 싶다.

공간이나 장비보다 내가 지금 어떤 꿈을 꾸느냐가 중요하다. 그리고 내게 있는 것, 내가 이루어나가고자 하는 것을 소중히 여기는 마음가짐이 중요하다. 꿈을 향해 걸어가는 한, 내게 부족한 것은 없다.

1. 첫 번째 꿈, 미니멀 블로거 :
1,900개가 넘는 블로그 글을 핸드폰으로 작성했다

2016년 여름, 블로그를 시작했다. '레몬테라스'라는 유명한 카페 덕분이었다. 내 집 마련 후 카페에 사진을 올렸는데 의외로 많은 분들이 나의 정리정돈에 관심을 가져주셨다. 카페 방문자들의 반응을 보며 내가 좋아하는 주제로 블로그를 만들어볼까, 생각했다. 그 생각이 떠오르자마자 블로그를 만들고 글을 써서 올리기 시작했다.

처음엔 초라했다. 하지만 꿋꿋이 집 안 곳곳을 정리한 사진을 올렸다. 유명 카페에도 내 블로그 글을 공유하며 알리기 시작했다. 이후에는 정리정돈을 넘어 미니멀 라이프에 관한 글을 썼다. 같은 시기 블로그를 시작했던 초기 이웃들은 간간이 네이버 메인에 노출이 되어 급격하게 이웃이 늘었다. 하지만 나에게는 좀처럼 기회가 찾아오지 않았다. 그래도 지치지 않고 거의 매일 글과 사진을 올렸다. 어느 겨울날, '차 없이 살기'라는 포스팅이 네이버 경제 메인화면에 오르면서 단 하루 만에 수많은 이웃이 생겼다. 그리고 꾸준히 포스팅한 결과 4년 동안 메인에 스물세 번 노출되면서 이웃은 어느새 만 명을 훌쩍 넘겼다.

믿기지 않겠지만 1,900개가 넘는 블로그 글들을 모두 스마트폰으로 썼다. 그 당시에 노트북이 없었기 때문이다. 또한, 아이들과 부대끼는 틈틈이 글을 써야 했기에 스마트폰은 내게 안성맞춤이기도 했다.

책을 읽고 독후감을 쓸 때는 손가락이 빠질 듯 아프기도 했다. 하지만 좋아하는 일이기에 그마저도 즐거운 고통이었다. 요즘에는 블로그 강좌도 많지만 나는 독학으로 블로그를 공부했다. 검색 상위 노출 노하우와 블로그 운영 전략을 스스로 경험하며 깨달아갔다. 그리고 네이버 메인에 오르기 위해 네이버에서 진행하는 공모전이 있으면 꾸준히 참여하여 기회를 놓치지 않았다.

모든 기회를 소중히 여기는 나도 단 한 가지 하지 않는 것이 있다. 바로 체험단 활동이다.

짠순이인 내가
맛집 체험단을 하지 않는 이유

2012년 9월, 제주도로 결혼 1주년 여행을 갔었다. 여행 준비에 빠뜨릴 수 없는 것 중 하나가 바로 맛집 리스트 작성이다. 맛있는 음식을 기대하며 네이버 검색으로 정보를 수집했다. 그런데 맛집 블로거들이 추천한 가게들은 대부분 맛집이 아니었다. 먹는 게 여행의 백미인데 정말이지 너무나 돈이 아까웠다. 그러면서 불편한 진실 하나를 알게 되었다.

나 역시 리뷰 협찬 문의를 종종 받곤 했다. 내게 맛집 리뷰를 의뢰하신 분들은 체험 여부를 기재하지 말라고 요청했다. 기재하더라도 아주 작게, 표시 안 나게 해달라고 부탁했고 포스팅 뒤쪽에 써달라고 했다. 내 블로그는 사실 맛집 블로거가 아니다. 나처럼 외식을 가뭄에 콩 나듯 하는 사람이 무슨 맛집 블로거이겠는가? 그런데 몇 개 안 되는 맛집 포스팅이 모두 검색 상위에 노출되었다. 검색하면 첫 번째 혹은 두 번째에 올랐다. 왜 그런지는 잘 모르겠다. 그래서 맛집 체험 의뢰가 정말 많이 들어온다. 고급 일식집, 호텔 뷔페(디너), 이탈리아 음식점까지 다양하다. 솔직히 내 돈 내고 그런 곳에 갈 형편이 되지 않으니 외식비 줄이기에는 최고의 기회인데 나는 왜 거절했을까?

첫 번째, 체험 여부를 숨기라는 제안을 내 소신으로는 받아들이기 어려웠다. 나는 주관이 뚜렷하고, 융통성이 부족한 사람이다. 블로거로서 진실한 정보, 유익한 정보를 전달하고 싶다는 열망이 있다. 2012년 맛집 블로거의 포스팅만 믿고 실패했던 기억이 영향을 미쳤을 수도 있다. 오해하지 않으셨으면 좋겠다. 체험단을 평가 절하하는 건 아니다. 다만, 체험 여부를 속이면서 하는 맛집 체험에 부정적일 뿐이다.

두 번째, 무상으로 음식을 먹고 솔직한 리뷰를 작성하기는 어렵다. 특히 그곳에 단점이 있다면 어떻게 쓸 수 있을까. 나는 아쉬운 점도 포함해서 맛집 리뷰를 했다. 모든 것이 완벽한 곳도 있겠지만 대부분의 가게는 맛, 양, 분위기, 친절도 등의 항목으로 나눠서 평가하면 모두가 만점일 수 없다. 그런데도 맛집에 대한 글들은 칭찬 일색이다. 가보지 않은 식당에 대한 정보를 정확하게 알고자 하는 사람들에게 이는 부정확하고 불친절하고, 편향적인 정보일 수밖에 없다.

세 번째는 네이버 검색의 신뢰가 떨어지고 있다는 점이다. 이것은 무상으로 상품을 받고 리뷰를 올려주는 사례가 늘어나면서 생긴 현상이다. 실제로 과거와 비교해 네이버 검색을 신뢰하는 사람이 줄었다는 기사가 나오기도 했다. 사람들은 다양한 상품 리뷰를 원하지만 체험단 활동에는 매뉴얼이 있다. 자세히 분석해보면 비슷비슷하다. 사진 개수, 필수로 들어가야 하는 사항 등이 다 정해져 있다. 업체는 그 틀대로 블로거가 작성하기를 원한다. 이런 현상이 지속된다면 블로그의 신뢰성은 나날이 떨어지고 말 것이다.

요즘 시대의 최고의 마케팅은 SNS이다. FBI 마케팅을 해야 한다고 입을 모은다. 페이스북, 블로그, 인스타그램을 이용한 마케팅이 바로 FBI

미니멀 라이프 덕분에 소통하는 SNS 이웃들도 많이 늘었다.

마케팅이다. 그런데 블로그는 하락세고, 인스타그램이 대세로 떠오르고 있다는 것을 주목해야 한다. (페이스북과 인스타그램은 같은 회사이다) 블로그가 뒤처진 이유는 무엇일까? 블로그의 정보를 과거에 비해 신뢰하지 않기 때문이다. 주변만 봐도 인스타그램으로 맛집을 찾는 분이 많다. 식당의 SNS 행사도 인스타그램에서 많이 이루어진다. 블로그의 존폐가 우려되는 상황이다. 나에게는 블로그가 소중하기 때문에 앞으로도 블로그의 신뢰를 떨어뜨리는 일은 참여하지 않고, 가치를 높이는 일에 조금이나마 힘을 보태고 싶다.

딱 한 번 체험단 활동을 한 적이 있다. 피부 관리 체험이었다. 그곳이 별로일까 봐 얼마나 가슴을 졸였는지 모른다. 오래된 블로그 이웃분들은 기억할 테다. 당시 나는 둘째를 임신하고 혹독한 입덧으로 몸과 마음이 피폐해질 대로 피폐해진 상태였다. 하루에도 수십 번 토하고 급기야는 피까지 토했다. 화장실을 기어 나왔던 그날, 첫째는 내 모습을 보고 벌벌 떨며 울부짖었다.

피부가 유독 약해서 토를 하면 얼굴 전체의 모세혈관이 터지면서 작은 멍들이 생긴다. 보통 출산 시 진통을 하며 나타나는 증상인데 나는 입덧 내내 그랬다. 솔직히 거울을 볼 때마다 내가 봐도 흉측했다. 그런 엄마의 얼굴을 본 아이의 마음은 어땠을까? 나에게도 무서운 얼굴인데 아이에게는 어땠을까? 입덧이 끝나가는 시기에 마침 피부 관리실에서 의뢰가 들어왔다. 흉측하게 변하고 바짝 말라버린 내 피부를 보면서 체험단 의뢰를 받아들였다.

그곳에서도 내게 체험 여부를 써넣지 말라고 요청했다. 하지만 그런

조건으로 리뷰를 할 수 없었다. 결국 팀장과 상의를 거친 후, 체험 여부를 써넣는 조건으로 임신 피부 관리를 받았다. 다행히 만족도가 높았다. 업체는 나에게 매뉴얼대로 써달라고 요구했다. 그러나 그렇게 쓰기가 너무나 힘들었다. 직접 돈 내고 간 맛집 리뷰는 술술 잘도 써지고 시간도 오래 걸리지 않았다. 그런데 매뉴얼대로 쓰자니 하기 싫은 숙제처럼 느껴졌다. 결국 그것이 처음이자 마지막 체험단 활동이 되고 말았다.

2. 두 번째 꿈, 미니멀 유튜버

유튜브 시청도 전혀 하지 않던 내가 어쩌다 유튜브를 시작하게 되었을까? 2018년 10월, MKTV에 대도서관 님이 출연했다. 그때 대도서관 님이 "주부님들, 블로그에만 계시지 말고 유튜브에 오세요"라고 말했다. 그 한마디가 심장에 꽂혔다. 유튜버가 되고 싶다는 마음이 강하게 솟아났다. 그때부터 대도서관 님의 책《유튜브의 신》을 시작으로 공부를 시작했다. 당시 둘째가 6개월이었다. 밤중 수유를 하며 공부했다. 수유 틈틈이 책을 읽었고, 집안일을 하며 유튜브 무료 강의를 귀로 들으며 공부했다. 무한 반복해서 흘려들으며 하나씩 익혀나갔다.

2018년 12월, 첫 영상을 올렸다. 내 블로그에는 〈미니멀한 살림법〉이라는 카테고리가 있다. 그 카테고리에 있는 살림법들을 하나씩 영상으로 만들어 올리기 시작했다. 스마트폰으로 촬영을 하고, 컷 편집을 하고 음악과 자막을 넣었다. 물론 쉽지 않았다. 하지만 편집은 직접 해봐야 늘기에 무조건 부딪혔다. 첫 영상을 올리니 자신감이 붙었다. 편집에서 막히는 부

공간이나 장비가 없다고 해도

분은 그때그때 유튜브 무료 강의를 찾아보며 익혔다.

보통 유튜브를 시작하려면 비싼 장비가 필요하다고 생각한다. 하지만 나는 스마트폰으로 촬영했고, 삼각대와 핀 마이크만 구매했다. 둘 다 합쳐서 3만 원 정도였다. 초기 투자 금액이 없었기에 부담 없이 시작할 수 있었다. 일주일에 두 번은 영상을 올리고 싶었지만 아이들이 어리고 아이들과 집에 온종일 같이 있어서 현실적으로 일주일에 한 번 정도 올린다는 목표로 제작했다.

유튜브에 첫 영상을 올리고 2개월이 되었을 때, 구독자 1,000명을 달성했다. 더불어 유튜브 애드센스 수익을 받을 수 있는 4,000시간 조건까지 달성할 수 있었다. 돌이켜보면 이때 가장 행복했던 것 같다. 전업주부 아기 엄마에게 집에서 돈을 벌 기회가 생기는 일만큼 기쁜 일도 없기 때문이다. 부족한 영상을 좋게 봐주시는 분들이 많아 4개월 만에 구독자 만 명을 달성했다. 그리고 6개월 만에 2만 명을 달성했다. 구독자 만 명이 되니 이곳저곳에서 많은 제안이 들어왔다. 원고 청탁, 책 출판 제의, 방송 출연 등 갑자기 좋은 일들이 밀려왔다. 내 두 번째 명함이 드디어 크리에이터가 되는 순간이었다.

처음 미니멀 라이프를 주제로 유튜브 채널을 만들었던 당시에는 같은 주제의 채널이 많지 않았다. 그런데 1년 6개월 사이에 수많은 미니멀 라이프 채널이 생겨났다. 유튜브가 꼭 누구와 경쟁해야 하는 생태계는 아니지만 나만의 개성이 필요하다는 생각이 들었다. 그래서 차별화된 채널을 만들기 위해 노력했다.

우선 대부분의 미니멀 라이프 채널의 크리에이터는 얼굴을 공개하

유튜버 활동은 나에게 늘 활력을 준다.

지 않는다. 목소리마저 넣지 않고 예쁜 살림 영상에 흰 글씨로 자막을 처리하는 경우가 많다. 또는 얼굴은 나오지 않고 목소리만으로 내레이션을 하는 형태도 꽤 있다. 지금까지 알아본 바로는 미니멀 라이프 채널 중에 얼굴을 드러내고 나와서 강의 형식으로 진행하는 채널은 나를 포함해서 두세 개에 불과하다.

　그래서 나는 차별성을 위해 브이로그 형식과 강의 형식을 섞어서 촬영한다. 내가 주로 올리는 영상은 총 세 가지 형태이다. 하나는 얼굴이 나오지 않은 상태에서 자막만 나오는 형태, 하나는 얼굴이 나오지 않은 상태에서 목소리만 나오는 형태, 마지막은 얼굴을 공개하고 강의하는 방식이다. 실제로 이러한 차이점이 내 채널을 성장시킨 원동력이라고 생각한다.

그리고 있는 그대로의 내 모습을 보여주려고 노력하고 있다. 다른 채널 운영자들은 예쁜 옷, 예쁜 앞치마를 하고 나온다. 그런데 실제로 나는 집안일을 할 때 예쁜 옷을 입지도 않고, 심지어 앞치마도 하지 않는다. '앞치마를 사야 하나?'라는 고민을 했던 적도 있다. 하지만 있는 그대로의 내 모습을 담고 싶었다. 꾸미지 않은 모습은 언제나 생동감을 자아내고, 진심은 늦더라도 도달하는 법이니까. 그래서 새벽에 촬영할 때는 집에서 입는 냉장고 바지를 입고 출연한다. 누군가는 예쁘지 않다고 말할 수 있다. 하지만 내가 추구하는 미니멀 라이프는 남을 의식하지 않고, 남의 시선에서 진정 자유로워지는 것이다. 그래서 난 여전히 냉장고 바지를 입고 청소를 하고, 그 모습을 가감 없이 영상에 올린다.

　　요즘에는 새로운 도전도 시작했다. 영어를 포함한 10개국의 자막 작업을 시작한 것이다. 미니멀 라이프라는 주제는 우리나라보다 외국에서 더 인기가 많다. 지난 2년 동안 귀찮아서 그 작업을 하지 않았는데, 유튜브라는 공간에서 오랫동안 생존하기 위해서는 필수인 것 같다. 영상을 만들고 시간을 더 쪼개어 다국어 자막을 만드는 나. 꿈을 향해 발걸음을 옮기는 그런 내 모습이 좋다.

3

악착같이
돈을 모으고 싶었던 이유

이사 갈 집을 계약한 후 정들었던 우리 집을 팔았다. 10평대 아파트에서 20평대 아파트로 이사한 것이다. 경제적 여유를 얻어 검소하게 사는 것이 삶의 목표 중 하나인데, 집을 사면서 대출을 받았다. 마흔셋, 아직은 열심히 뛰어야 할 때이다.

2011년 4월, 결혼 비용을 제외하고 우리가 가진 돈은 총 4,500만 원이었다. 그 돈에 전세 자금 대출을 조금 더 받아 아파트 전세를 얻었다. 그곳에서 4년을 산 후, 10평대 작은 아파트를 매매했고, 그때 디딤돌 대출의 도움을 받았다. 그 집에서 열심히 디딤돌 대출을 갚아나갔다. 매달 나가는 원금+이자 이외에 돈이 생길 때마다 원금을 상환했다. 원금을 상환하며 대출금이 줄어들 때의 기분은 짜릿함 그 자체이다. 어느덧 5년 7개월의 시간이 지나 우리는 다른 곳에 집을 사서 이사를 했다.

이번에 받은 대출은 주택담보 대출이었다. 투기과열지구라 집값의 40%만 대출받을 수 있었다. 이전보다 좀 더 큰 집에 사는 즐거움은 있지만 대출을 갚기가 만만치는 않을 것 같다. 더 악착같이 돈을 모으고, 대출을 갚아나가야 한다. 하지만 첫째의 소원을 들어줄 수 있어서 마음은 뿌듯했다. 자신의 방을 갖는 것과 욕조가 있는 집이 첫째의 소원이었다. 다행히 집은 그 두 조건을 만족한다.

나는 미니멀리스트인 동시에 짠순이다. 필요할 때는 돈을 쓰지만 불필요한 일에는 100원도 쓰고 싶지 않다. 왜냐하면 나에게는 목표가 있고 갚아야 할 대출이 있고, 나이 50에 그리고 있는 꿈이 또 있기 때문이다.

작년에 첫째가 학교에 입학했다. 지금까지는 병설 유치원에 다녀서 원비가 하나도 들지 않았다. 학원도 다니지 않았다. 하지만 학교에 다니면서 학원을 다니기 시작했다. 현재 교육비는 내가 버는 돈으로 책임지고 있다. 어제는 더는 사용하지 않는 유모차 라이더를 팔았다. 구매자분이 남편이 퇴근해야만 올 수 있다고 해서 내가 직접 갖다 드렸다. 4만 원을 벌기 위해 엘리베이터가 없는 빌라 5층까지 유모차 라이더를 들고 올라갔다. 숨이 차고 다리가 아팠지만 기분은 좋았다. 아무것도 하지 않는데 4만 원이 어디서 공짜로 나올 리 없다. 덕분에 발코니의 공간이 더 생겨 여유로워졌다. 남편에게 일당 4만 원을 벌었다며 자랑을 늘어놓았다. 누군가에게는 푼돈이겠지만 나는 그 돈을 차곡차곡 모으고 있다.

실제로 이번에 집을 살 때 당장 1,000만 원이 필요했었는데 내가 모아둔 돈으로 해결했다. 그동안 소소하게 부수입으로 모은 돈이 어느덧 1,000만 원이 되어 있었다. 덕분에 미루지 않고 집을 계약할 수 있었다. 목표만 있으면 돈을 아끼고 모으는 것도 재미있는 놀이가 된다. 현재 나의 머니 트리는 유튜브 애드센스 수익, 네이버 애드포스트 수익, 쿠팡 파트너스 수익, 중고 물품 판매 등이다. 올해가 가기 전에 두 가지 정도의 머니 트리를 더 만들 생각이다.

전업주부가 출근하지 않고 아이들을 돌보며 돈을 벌 수 있다는 건 참으로 든든한 일이다. 그 짜릿함의 밑바탕에 절약이라는 단단한 뿌리가 있다. 행복한 절약을 통해 내가 꿈꾸는 많은 일을 실제로 경험할 수 있는 시간이 오기를 소망한다.

전업주부가 집에서 돈 버는
다섯 가지 방법

---

1. 네이버 애드포스트

네이버 블로그에 광고를 게재하고, 광고에서 발생한 수익을 배분받는 광고 매칭 및 수익 공유 서비스이다.

> • **과거 수익**: 월 1~2만 원,
> • **네이버 메인 노출 시**: 월 5만 원
> • **현재 수익**: 월 5~7만 원

과거보다 네이버 애드포스트 수익이 높아지고 있다. 큰돈은 아니지만 자신이 좋아하는 글을 쓰며 소소하게 돈도 벌 수 있으니 좋은 부업이라고 할 수 있겠다.

2. 쿠팡 파트너스

쿠팡에서 판매되는 상품을 자신의 SNS 페이지에 노출한 뒤 구매가 발생하면 구매액의 3%를 지급해준다.

> - **최고 지급액:** 206,750원
> - **최저 지급액:** 11,100원

직접 구매하여 써보고 좋은 상품을 블로그에 소개하고 마지막에 상품을 구매할 수 있는 링크를 걸면 끝이다. 유튜브에도 영상 소개 글에 구매할 수 있는 링크를 걸면 된다. 한 달 평균 3만 원 정도 수익이 들어온다. 수익은 보통 다음 달 15일쯤 등록한 계좌로 입금된다.

3. 유튜브 구글 애드센스

유튜브에 광고를 붙여 수익을 배분받는 방식이다. 유튜브 수익이 생기고 나서 2년 동안 최고 수익과 최저 수익은 다음과 같다.

> - **최고 수익:** 1,859,839원
> - **최저 수익:** 119,675원

월별로 편차가 심하다. 구독자 수에 상관없이 일반적으로 월 30~50만 원 정도의 수익이 난다고 한다.

4. 유튜브 브랜디드 광고

보통 구독자가 1만 명이 넘어가면 여러 기업에서 브랜디드 광고를 제안한다. 물건만 제공하는 광고도 있지만 보통 영상 제작비도 지불한다. 그런데 영상 제작비는 기업마다 각기 다르고 유튜브 크리에이터마다 다 다르다. 내게 직접 금액을 제시하라고 할 때도 많다.

현재 3만 4,000명의 구독자를 보유한 나의 경우에는 기업에서 적게는 30만 원부터 100만 원까지의 제작비를 제시했다. 내가 지금까지 찍은 브랜디드 광고는 딱 하나. 영어 공부를 하고 싶었던 찰나에 영어 수강권과 더불어 영상 제작 지원금까지 받고 영상을 찍었다. 하지만 지원비를 받고 만드는 것이라 평소 내가 기획한 영상을 만들 때보다 훨씬 더 많은 에너지와 시간이 필요했다. 그래도 가끔 이런 광고를 찍게 되면 집에서 아이들을 돌보며 쏠쏠하게 수입을 거둘 수 있다.

5. 중고 물품 판매

> **지난달 중고 판매 수익**
> - **울타리, 원목 식탁 의자**: 4만 원
> - **유모차 라이더**: 4만 원
> - **폼 롤러**: 1만 원

중고 거래는 쓰지 않는 물건을 집에서 비우니 좋고 다른 분들과 나누어 써서

좋고, 수익까지 생기니 일석삼조이다. 과거에는 중고나라를 자주 사용했으나 현재는 당근마켓을 이용한다. 지역을 설정할 수 있어서 지역 주민과 안전하게 거래할 수 있고, 거래 성사도 잘되기 때문이다.

전업주부, 아기 엄마로 지내면서 돈을 못 벌어서 심리적으로 위축되고 자존감이 낮았던 적이 많았다. 큰돈은 아니더라도 위의 방법을 통하여 소소한 돈을 벌면서 자신감도 생기고, 자존감도 향상되었다. 나와 비슷한 분들도 이런 감정을 느껴봤으면 싶다. 그리고 위의 다섯 가지 방법 중 하나라도 지금 시작한다면 좋겠다.

나의 두 번째 명함이
크리에이터가 되기를

중학교, 고등학교 시절 나의 꿈은 늘 사회부 기자였다. 신문방송학과를 목표로 공부했지만 꿈은 이루어지지 않았다. 원하던 대학에도 원하던 학과에도 가지 못했다. 결국 사회복지학과에 입학했고, 졸업 후 사회복지사로 일했다. 처음에는 열정적으로 일했으나 나와 잘 맞지 않았다.

첫째를 임신하면서 다니던 직장을 그만두었다. 전업주부가 되고 나서 내 안에 꿈틀거리는 무언가가 느껴졌다. 글을 쓸 때 가장 행복했다. 그리고 남들 앞에서 이야기할 때 더없는 기쁨을 느꼈다. 많은 책을 읽고 공부하며 내가 꿈꾸는 삶이 무엇인지 비로소 알게 되었다.《오만과 편견》을 쓴 제인 오스틴 같은 작가가 되고 싶었다. 그리고 동기 부여할 수 있는 김미경 강사님 같은 강사가 되고 싶었다. 카메라와 컴퓨터도 없던 내가, 유튜브를 시작했던 이유는 두 번째 명함을 반드시 갖고 싶었기 때문이다.

사진 못 찍는다고 구박받던 내가, 영상을 촬영했다. 집에 컴퓨터 하나 없던 내가, 작은 핸드폰 하나로 편집을 시작했다. 내 인생은 늘 독학이었다. 블로그도 유튜브도 최근에는 인스타그램까지 모두 혼자 공부하고, 당장 실행했다. 솔직하게 말하면, 하루라도 글을 쓰지 않으면 숨을 쉴 수가 없었다. 글을 쓰면 자유를 온몸으로 느낄 수 있었다.

지금은 잠깐 쉬고 있지만 유튜브 영상 제작도 정말 재미있다. 혼자

PD, 작가가 되어 대본을 쓰고, 일상을 연기한다. 얼마나 짜릿하고 즐거운지 모른다. 처음에는 구독자가 빨리 늘었으면 좋겠다고 생각해 조바심도 생겼었다. 하지만 지금은 최선을 다해 하나의 작품을 만들려고 노력한다. 비록 작은 유튜브이지만, 120개 정도의 영상이 내 자산이 되었다. 유튜브가 내게 준 선물은 한두 가지가 아니다.

수익 승인이 나자마자 운이 좋게 영상이 사랑을 받아 내 생애 최초로 노트북을 살 수 있었다. 하얗고 예쁜 노트북을 앞에 두고 얼마나 울었던지…. 매일 같은 일을 하는 데 유독 권태로움을 느끼는 나에게는 크리에이터 일이 잘 맞는다. 작가, 강사, 크리에이터 모두 일맥상통하는 나의 꿈이다.

조심스럽게 내게 꿈을 물어보시는 분들이 계셨다. 평생 글을 쓰고 싶다. 그리고 우리나라 방방곡곡, 나아가 세계 어느 곳이든 날아가 청중의 가슴을 뜨겁게 하는 강연자가 되고 싶다. 유튜버, 크리에이터도 계속하고 싶다.

여전히 내 두 번째 명함을 발전시켜나가기 위해 노력하고 있다. 아이들이 일어나기 전, 새벽 다섯 시에 일어나 조용히 글을 쓰고, 책을 읽는다. 혼자서 설레는 하루를 시작하고 작은 실행에 미소 짓는다. 오늘도 내 꿈에 한 걸음 다가가고 있다. 이런 하루하루를 멈추지 않을 것이다.

2023년 새로운 해를 시작하며

비교로부터 자유로운
미니멀 라이프

ⓒ 차지선 2023

초판 1쇄 발행 2023년 1월 2일
초판 3쇄 발행 2024년 11월 15일

지은이   차지선
펴낸이   최아영

교정   최지은
사진   안희상, 장미희
디자인   지완
인쇄제본   제이오

펴낸곳   느린서재
출판등록   2021년 11월 22일 제2021-000049호
전화   031-431-8390
팩스   031-696-6081
전자우편   calmdown.library@gmail.com
인스타   calmdown_library
ISBN   979-11-978384-6-0 (13590)